计算机网络
实验指导书

郭　雅　李泗兰　主编　骆金维　曾德生　副主编

電子工業出版社·

Publishing House of Electronics Industry

北京·BEIJING

内 容 简 介

本书是与谢希仁教授编著的《计算机网络》教材配套的实验指导书。本书根据《计算机网络》教材的特点组织实验内容。在课时有限的情况下，合理地组织计算机网络实验教学，使之既能配合课堂教学，加深学生对所学知识的理解，又能紧跟网络技术的发展，培养和提高学生的实际操作技能。

本书内容涵盖诠释网络原理、应用组网技术和实施网络管理等几个方面的实验项目，合计 23 个，实验内容翔实，步骤详细，有助于提高学习的效果。

图书在版编目（CIP）数据

计算机网络实验指导书 / 郭雅，李泗兰主编. —北京：电子工业出版社，2018.2
ISBN 978-7-121-33347-7

Ⅰ. ①计… Ⅱ. ①郭… ②李… Ⅲ. ①计算机网络－实验－高等学校－教学参考资料 Ⅳ. ①TP393-33

中国版本图书馆 CIP 数据核字（2017）第 320365 号

责任编辑：牛晓丽
印　　刷：三河市华成印务有限公司
装　　订：三河市华成印务有限公司
出版发行：电子工业出版社
　　　　　北京市海淀区万寿路 173 信箱　　　　邮编：100036
开　　本：787×1092　1/16　　印张：12.5　　字数：280 千字
版　　次：2018 年 2 月第 1 版
印　　次：2021 年 7 月第 10 次印刷
定　　价：32.00 元

凡所购买电子工业出版社图书有缺损问题，请向购买书店调换。若书店售缺，请与本社发行部联系，联系及邮购电话：（010）88254888，88258888。
质量投诉请发邮件至 zlts@phei.com.cn，盗版侵权举报请发邮件至 dbqq@phei.com.cn。
本书咨询联系方式：QQ 9616328。

前　　言

计算机网络是信息社会的支柱。培养一大批谙熟计算机网络原理与技术、具有综合应用和研发创新能力的人才，是社会信息化的需要，也是高等院校相关专业的教学目的。

编者在高校工作多年，一直担任计算机网络课程及其实验课程的教学工作。包括编者所在学校在内的许多本科院校采用了谢希仁教授编著的《计算机网络》作为网络基础课程的教材。该教材内容丰富，说理透彻。针对本科院校学生的特点，以及在教学中应该基础理论和实践并重的要求，各院校都开出了一定的实验课时。为规范实验内容，严格实验训练，达到实验教学的目的，编者多年来一直对实验教学进行探索，研究在课时有限的情况下，如何组织计算机网络实验教学的内容，使之既能配合课堂教学，加深对所学知识的理解，又能紧跟网络技术的发展，培养和提高学生的实际操作技能。在教学实践中，编者一直坚持编写和完善实验指导书，并与选用谢希仁教授编著的《计算机网络》做教材的一些兄弟院校的教师多次进行研究交流，在各方面的支持下，反复修订完成了这本《计算机网络实验指导书》。在本书版面上，两边留白是为了方便学生做实验时记录一些实验现象和心得，以便整理实验报告。

本书第 1 版出版以来，对计算机网络实验课程的教学改革起到了积极的推动作用，并得到读者的一致好评。编者在总结第 1 版教材使用情况的基础上，由原来的 Windows 2003 操作系统实验更新到 Windows 2012 操作系统实验，同时增加了 4 个网络配置实验。本书内容涵盖诠释网络原理、应用组网技术和实施网络管理等方面的实验项目合计 23 个。由于各院校、各个专业的计算机网络课程内容设计、课时、要求、实验设备及条件不尽相同，希望使用本书的院校从实际出发，在实验项目上有所取舍或增加；在具体实施实验教学的过程中，注意以实际操作引导学生深刻理解实验的内涵和目的，通过反复练习，提高独立动手能力，并能有所发挥。

本书由郭雅、李泗兰担任主编，骆金维、曾德生担任副主编，全书由郭雅统稿。

感谢石硕教授对本书编写和出版所提供的意见、建议和热忱帮助。

由于编者水平有限，编写时间紧迫，不足与错误在所难免，恳请专家和广大读者不吝批评指正。

编者的电子邮件地址是 hsguoya@126.com，读者对本书实验项目设置及编写内容有什么意见，请与编者联系。

编　者
2017 年 9 月

目　　录

实验 1　网络命令的使用

1.1　实验目的

（1）了解常用网络命令的工作原理。

（2）掌握常用网络命令的使用。

1.2　实验条件

（1）能够接入 Internet 的局域网。

（2）服务器端 Windows 2012 操作系统，客户机端 Windows 7 操作系统。

1.3　实验步骤

1.3.1　Ping 命令的使用技巧

Ping 是个使用频率极高的 ICMP 协议的程序，用于确定本地主机是否能与另一台主机交换（发送与接收）数据报。根据返回的信息，我们就可以推断 TCP/IP 参数是否设置得正确以及运行是否正常。需要注意的是：成功地与另一台主机进行一次或两次数据报交换并不表示 TCP/IP 配置就是正确的，我们必须执行大量的本地主机与远程主机的数据报交换，才能确信 TCP/IP 的正确性。

简单地说，Ping 就是一个连通性测试程序，如果能 Ping 通目标，我们就可以排除网络访问层、网卡、Modem 的输入输出线路、电缆和路由器等存在的故障；如果 Ping 目标 A 通，而 Ping 目标 B 不通，则网络故障发生在 A 与 B 之间的链路上或 B 上，从而缩小故障的范围。

按照默认（缺省）设置，Windows 上运行的 Ping 命令发送 4 个 ICMP（网间控制报文协议）回送请求，每个 32 字节数据，如果一切正常，我们应能得到 4 个回送应答。Ping 能够以毫秒为单位显示发送回送请求到返回回送应答之间的时间量。如果应答时间短，表示数据报不必通过太多的路由器，或网络连接速度比较快。Ping 还能显示 TTL（Time To Live，生存时间）值，我们可以通过 TTL 值推算数据包已经通过了多少个路由器。TTL 的初值通常是系统默认值，是包头中的 8 位的域。TTL 的最初设想是确定一个时间范围，超过此时间就把包丢弃。由于每个路由器都至少要把 TTL 域减 1，TTL 通常表示包在被丢弃前最多能经过的路由器个数。当记数到 0 时，路由器决定丢弃该包，并发送一个 ICMP 报文给最初的发送者。

另外，TTL 字段值可以帮助我们识别操作系统类型：

UNIX 及类 UNIX 操作系统，ICMP 回送应答的 TTL 字段值为 255。

Linux 系统和 Windows 10 系统，ICMP 回送应答的 TTL 字段值为 62。

微软 Windows 7/8 操作系统，ICMP 回送应答的 TTL 字段值为 128。

当然，返回的 TTL 值是相同的。但有些情况下特殊，如表 1-1 所示。

表 1-1　使用不同操作系统时，回送应答的 TTL 字段值

ICMP 回送应答的 TTL 字段值	操作系统类别
62	Linux Kernel 4.9.x
	Windows 10
128	Windows XP
	Windows 7
	Windows 8
255	FreeBSD 11.0
	Sun Solaris 10
	OpenBSD 6.0
	NetBSD 7.1
	HP UX 11.31

1.通过 Ping 检测网络故障的典型次序

正常情况下，当我们使用 Ping 命令来查找问题所在或检验网络运行情况时，我们需要使用许多 Ping 命令，如果所有 Ping 命令都运行正确，我们就可以相信基本的连通性和配置参数没有问题；如果某些 Ping 命令出现运行故障，它们也可以指明到何处去查找问题。下面就给出一个典型的检测次序及对应的可能故障。

（1）Ping 127.0.0.1

Ping 环回地址，验证在本地计算机上是否正确地安装了 TCP/IP 协议，以及配置是否正确。

（2）Ping 本机 IP

这个命令被送到我们计算机所配置的 IP 地址，我们的计算机始终都应该对该 Ping 命令做出应答，如果没有，则表示本地配置或安装存在问题。

（3）Ping 局域网内其他 IP

这个命令应该离开我们的计算机，经过网卡及网络电缆到达其他计算机，再返回。收到回送应答表明：本地网络中的网卡和载体运行正确。但如果收到 0 个回送应答，那就表示子网掩码（进行子网分割时，将 IP 地址的网络部分与主机部分分开的代码）不正确，或网卡配置错误，或电缆系统有问题。

（4）Ping 网关 IP

这个命令如果应答正确，表示局域网中的网关路由器正在运行，并能够做出应答。

（5）Ping 远程 IP

如果收到 4 个应答，表示成功地使用了默认网关。对于拨号上网用户，则表示能够成功地访问 Internet（但不排除因特网服务提供商（ISP）的域名系统 DNS 会有问题）。

（6）Ping localhost

localhost（本地主机）是操作系统的网络保留名，它是 127.0.0.1 的别名，每台计算机都应该能够将该名字转换成该地址。如果没有做到这一点，则表示主机文件（/Windows/host）中存在问题。

（7）Ping www.×××.com

执行 Ping www.×××.com（如 www.163.com（网易）），通常是通过 DNS 服务器解析域名，如果这里出现故障，则表示本机 DNS 的 IP 地址配置不正确，或 DNS 服务器有故障（对于拨号上网用户，某些 ISP 已经不需要设置 DNS 服务器了）。顺便说一句：我们也可以利用该命令实现域名对 IP 地址的转换功能。

如果上面所列出的所有 Ping 命令都能正常运行，那么我们对自己的计算机进行本地和远程通信的功能基本上就可以放心了。但是，这并不表示我们所有的网络配置都没有问题，例如，某些子网掩码错误就可能无法用这些方法检测到。

2. Ping 命令的常用参数选项

- -t： 对指定的计算机一直进行 ping 操作，直到从键盘按 Ctrl+C 组合键中断为止。
- -a： 将 IP 地址解析为计算机 NetBIOS（网络基本输入输出系统）名。
- -n： 发送指定数量的 Echo（回应）数据包。这个命令可以自定义发送数据包的个数，对测试网络速度有帮助，默认值为 4。

1.3.2　Netstat 命令

Netstat（网络状态）用于显示与 IP，TCP，UDP 和 ICMP 协议相关的统计数据，一般用于检验本机各端口的网络连接情况。

如果我们的计算机有时候接收到的数据报会导致出错（数据删除或故障），我们不必感到奇怪，TCP/IP 容许这些类型的错误，并能够自动重发数据报。但如果累计的出错情况数目占到所接收的 IP 数据报相当大的百分比，或者它的数目正迅速增加，那么我们就应该使用 Netstat 查一查为什么会出现这些情况了。

1. Netstat 命令格式

Netstat [-a] [-b] [-e] [-n] [-o] [-p proto] [-r] [-s] [-v] [interval]

Netstat 命令常用参数的含义说明如下。

- -a： 本选项显示一个全部有效连接信息列表（-a 可被视为 all，即全部的意思），包括已建立的连接（Established），也包括监听连接请求（Listening）的那些连接。
- -b： 本选项显示包含于创建每个连接或监听端口的可执行组件。在某些情况下已知可执行组件拥有多个独立组件，并且在这些情况下包含于创建连接或监听端口的组件序列被显示。这种情况下，可执行组件名在底部的[]中，顶部是其调用的组件，等等，直到 TCP/IP 部分。注意，此选项可能需要很长的时间，如果没有足够权限可能失败。

- -e：　本选项用于显示关于以太网的统计数据。它列出的项目包括传送的数据报的总字节数、错误数、删除数、数据报的数量和广播的数量。这些统计数据既有发送的数据报数量，也有接收的数据报数量。这个选项可以用来统计一些基本的网络流量。
- -n：　显示所有已建立的有效连接。
- -o：　本选项显示与每个连接相关的所属进程 ID。
- -p proto：本选项显示 proto 指定的协议的连接；proto 可以是下列之一：TCP，UDP，TCPv6 或 UDPv6。如果与 –s 选项一起使用以显示按协议统计信息，proto 可以是下列协议之一：IP，IPv6，ICMPv6，TCP，TCPv6，UDP 或 UDPv6。
- -r：　本选项可以显示关于路由表的信息，除了显示有效路由外，还显示当前有效的连接。
- -s：　本选项显示按协议统计信息，默认地显示 IP，IPv6，ICMP，ICMPv6，TCP，TCPv6，UDP 和 UDPv6 的统计信息。
- -v：　与 –b 选项一起使用时，将显示包含为所有可执行组件创建连接或监听端口的组件。
- interval：重新显示选定统计信息，每次显示之间暂停时间间隔（以秒计）。按 Ctrl+C 组合键停止重新显示统计信息。如果省略，Netstat 显示当前配置信息（只显示一次）。

2. Netstat 命令的典型应用

（1）显示关于以太网的统计数据，显示结果如图 1-1 所示。

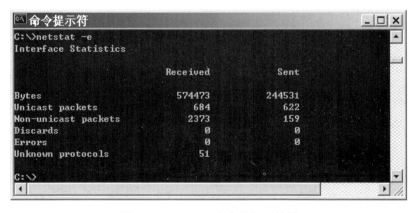

图 1-1　Netstat –e 命令的显示结果

（2）显示所有协议（如 TCP，UDP，IP 等）的使用状态，结果如图 1-2 所示。

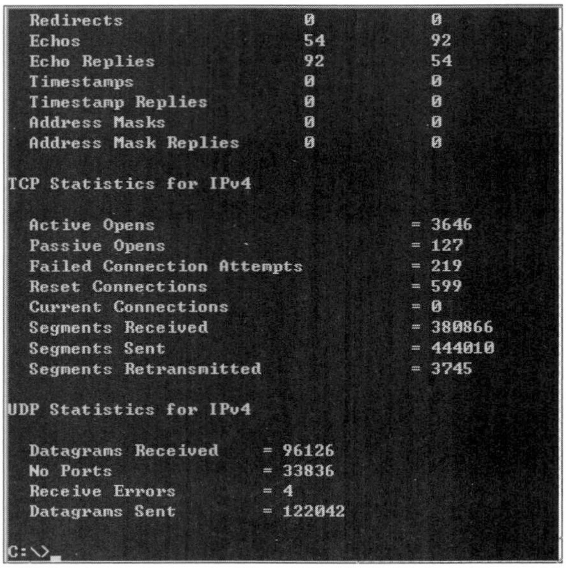

```
Redirects                       0          0
Echos                           54         92
Echo Replies                    92         54
Timestamps                      0          0
Timestamp Replies               0          0
Address Masks                   0          0
Address Mask Replies            0          0

TCP Statistics for IPv4

Active Opens                             = 3646
Passive Opens                            = 127
Failed Connection Attempts               = 219
Reset Connections                        = 599
Current Connections                      = 0
Segments Received                        = 380866
Segments Sent                            = 444010
Segments Retransmitted                   = 3745

UDP Statistics for IPv4

Datagrams Received       = 96126
No Ports                 = 33836
Receive Errors           = 4
Datagrams Sent           = 122042

C:\>
```

图 1-2　Netstat –s 命令的显示结果

1.3.3　IPconfig 命令

IPconfig 命令显示当前所有的 TCP/IP 配置值、刷新动态主机配置协议（DHCP）和域名系统（DNS）设置。

1. IPconfig 命令格式

IPconfig　[/all]　[/renew　[adapter]]　[/release　[adapter]]　[/flushdns]
[/displaydns] [/registerdns] [/showclassid adapter] [/setclassid adapter [classid]]

IPconfig 命令常用的参数含义说明如下。

- /all：　显示所有适配器的完整 TCP/IP 配置信息。在没有该参数的情况下 IPconfig 只显示 IP 地址、子网掩码和各个适配器的默认网关值。

- /renew [adapter]：更新所有适配器（不带 adapter 参数）或特定适配器（带有 adapter 参数）的 DHCP 配置。该参数仅在具有配置为自动获取 IP 地址的网卡的计算机上使用。要指定适配器名称，需输入使用不带参数的 IPconfig 命令显示的适配器名称。

- /release[adapter]：发送 DHCPRelease 消息到 DHCP 服务器，以释放所有适配器（不带 adapter 参数）或特定适配器（带有 adapter 参数）的当前 DHCP 配置，并丢弃 IP 地址配置。该参数可以禁用配置为自动获取 IP 地址的适配器的 TCP/IP。要指定适配器名称，需输入使用不带参数的 IPconfig 命令显示的适配器名称。

2. IPconfig 命令的应用

（1）使用带/all 选项的 IPconfig 命令，给出所有接口的详细配置信息，如本机 IP 地址、子网掩码、网关、DNS、硬件地址（MAC 地址）等。结果如图 1-3 所示。

```
C:\>
C:\>ipconfig /all

Windows IP Configuration

        Host Name . . . . . . . . . . . . : temp
        Primary Dns Suffix  . . . . . . . :
        Node Type . . . . . . . . . . . . : Unknown
        IP Routing Enabled. . . . . . . . : No
        WINS Proxy Enabled. . . . . . . . : No

Ethernet adapter 本地连接:

        Connection-specific DNS Suffix  . :
        Description . . . . . . . . . . . : Realtek RTL8168C(P)/811
igabit Ethernet NIC
        Physical Address. . . . . . . . . : 00-24-81-CB-2C-E5
        Dhcp Enabled. . . . . . . . . . . : Yes
        Autoconfiguration Enabled . . . . : Yes
        IP Address. . . . . . . . . . . . : 192.168.32.91
        Subnet Mask . . . . . . . . . . . : 255.255.255.0
        Default Gateway . . . . . . . . . : 192.168.32.100
        DHCP Server . . . . . . . . . . . : 192.168.32.1
        DNS Servers . . . . . . . . . . . : 202.96.128.86
        Lease Obtained. . . . . . . . . . : 2011年7月6日 14:52:40
        Lease Expires . . . . . . . . . . : 2011年7月7日 0:52:40

C:\>_
```

图 1-3　使用带/all 选项的 IPconfig 命令的显示结果

（2）对于启动 DHCP 的客户端，使用 IPconfig /renew 命令可以刷新配置，向 DHCP 服务器重新租用一个 IP 地址，大多数情况下网卡将重新赋予和以前所赋予的相同的 IP 地址，如图 1-4 所示。

```
C:\>ipconfig /release

Windows IP Configuration


Ethernet adapter 本地连接:

        Connection-specific DNS Suffix  . :
        IP Address. . . . . . . . . . . . : 0.0.0.0
        Subnet Mask . . . . . . . . . . . : 0.0.0.0
        Default Gateway . . . . . . . . . :

C:\>ipconfig /renew

Windows IP Configuration


Ethernet adapter 本地连接:

        Connection-specific DNS Suffix  . :
        IP Address. . . . . . . . . . . . : 192.168.32.91
        Subnet Mask . . . . . . . . . . . : 255.255.255.0
        Default Gateway . . . . . . . . . : 192.168.32.100

C:\>_
```

图 1-4　使用 IPconfig /renew 命令的显示结果

1.3.4 ARP 命令

地址解析协议 ARP 是一个重要的 TCP/IP 协议，并且用于确定对应 IP 地址的网卡物理地址。使用 ARP 命令，我们能够查看本地计算机或另一台计算机的 ARP 高速缓存中的当前内容。此外，使用 ARP 命令，也可以用人工方式输入静态的网卡物理/IP 地址对，我们可能会使用这种方式为默认网关和本地服务器等常用主机进行这项工作，以减少网络上的信息量。

按照默认设置，ARP 高速缓存中的项目是动态的，每当发送一个指定地点的数据报且高速缓存中不存在当前项目时，ARP 便会自动添加该项目。一旦高速缓存的项目被输入，它们就已经开始走向失效状态。例如，在 Windows NT/2000 网络中，如果输入项目后不进一步使用，物理/IP 地址对就会在 2～10 分钟内失效。因此，如果 ARP 高速缓存中项目很少或根本没有，请不要奇怪，通过另一台计算机或路由器的 Ping 命令即可添加。所以，需要通过 ARP 命令查看高速缓存中的内容时，请最好先 Ping 此台计算机（不能是本机发送 Ping 命令）。

1. ARP 命令常用参数的含义

- -a：用于查看高速缓存中的所有项目。-a 和-g 参数的结果是一样的，多年来-g 一直是 UNIX 平台上用来显示 ARP 高速缓存中所有项目的选项，而 Windows 用的是 arp -a（-a 可被视为 all，即全部的意思），但它也可以接受比较传统的-g 选项。
- -d：删除指定的 IP 地址项。
- -s：向 ARP 高速缓存中人工输入一个静态项目。目的是让 IP 地址对应的 MAC 地址静态化，这样，病毒或攻击者就无法用伪造 MAC 地址的方法破坏局域网了。
- /?：在命令提示符下显示帮助。

2. ARP 命令的应用

查看高速缓存中的所有项目，如图 1-5 所示。

```
C:\>arp -a

Interface: 192.168.32.91 --- 0x4
  Internet Address      Physical Address      Type
  192.168.32.1          00-11-09-46-d8-f4     dynamic
  192.168.32.11         00-11-09-46-d7-b0     dynamic
  192.168.32.24         00-0d-87-04-e5-51     dynamic
  192.168.32.100        00-1a-a9-0b-9a-99     dynamic

C:\>
```

图 1-5 查看高速缓存中的所有项目

1.3.5 Tracert 命令

Tracert 命令是跟踪路由路径的一个实用程序，用于确定数据报访问目标所经过的路径。

1. Tracert 命令格式

Tracert [-d] [-h maximum_hops] [-j computer-list] [-w timeout] target_name

Tracert 命令的各参数含义说明如下。

- -d：防止 Tracert 试图将中间路由器的 IP 地址解析为它们的名称，这样可加速显示 Tracert 的结果。
- –h maximum_hops：指定在搜索目标的路径中跃点的最大数，默认值为 30。
- –j computer-list：指定回送请求信息对于在 HostList 中指明的中间目标集实用 IP 报头中的"松散源路由"选项。主机列表中的地址或名称的最大数为 9，主机列表是一系列由空格分开的 IP 地址。
- –w timeout：每次应答等待 timeout（超时）指定的微秒数。
- target-name：目标主机名称或者 IP 地址。

2. Tracert 命令的应用

（1）在进行计算机网络日常维护时，经常使用不带任何参数选项的 Tracert 命令，如图 1-6 所示。

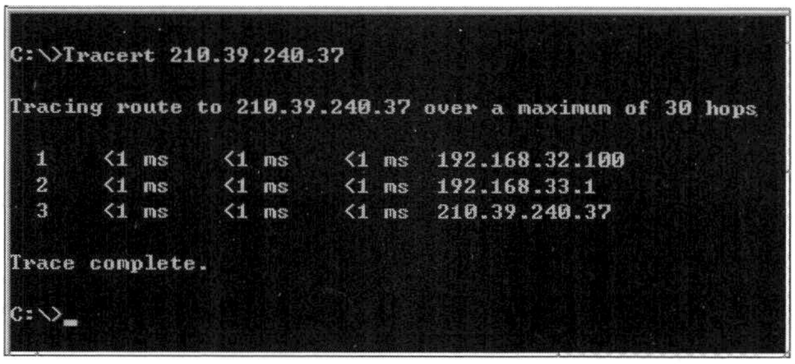

```
C:\>Tracert 210.39.240.37

Tracing route to 210.39.240.37 over a maximum of 30 hops

  1    <1 ms    <1 ms    <1 ms   192.168.32.100
  2    <1 ms    <1 ms    <1 ms   192.168.33.1
  3    <1 ms    <1 ms    <1 ms   210.39.240.37

Trace complete.

C:\>_
```

图 1-6 Tracert 命令的显示结果

（2）带 -d 参数的 Tracert 命令使用。例如，在本机查看网易服务器的路径信息，如图 1-7 所示。

利用 Tracert 命令，可以让人清楚地了解到 IP 数据包从"源"开始到"目标"访问的路径图，即这个过程所经过的路由、等待时间、数据包在网络上的停止位置等，从而帮助人们跟踪连接、测定网络连接断链处的位置（一般表现为"*"号的点），这将为计算机网络故障的诊断与排除带来便利。

```
C:\>Tracert -d www.163.com

Tracing route to 163.xdwscache.glb0.lxdns.com [183.60.136.64]
over a maximum of 30 hops:

 1    <1 ms    <1 ms    <1 ms   192.168.32.100
 2    <1 ms    <1 ms    <1 ms   192.168.33.1
 3    <1 ms    <1 ms    <1 ms   210.39.250.1
 4     2 ms     1 ms     1 ms   121.8.214.129
 5     1 ms     1 ms     2 ms   113.98.80.178
 6     2 ms     2 ms     2 ms   113.98.75.46
 7     4 ms     4 ms     4 ms   61.144.3.174
 8     8 ms     8 ms     9 ms   59.36.103.61
 9     8 ms     8 ms     7 ms   59.36.103.118
10     5 ms     6 ms     6 ms   183.60.129.18
11     *        *        *      Request timed out.
12     8 ms     7 ms     7 ms   183.60.136.64

Trace complete.

C:\>
```

图 1-7　查看网易服务器的路径信息

1.3.6　NBtstat 命令

使用 NBtstat 命令释放和刷新 NetBIOS 名称。NBtstat（TCP/IP 上的 NetBIOS 统计数据）实用程序用于提供关于 NetBIOS 的统计数据。运用 NetBIOS，我们可以查看本地计算机或远程计算机上的 NetBIOS 名称表。

1. NBtstat 命令格式

NBtstat [-a RemoteName] [-A IP address] [-c] [-n] [-r] [-R] [-RR] [-s] [-S] [interval]

NBtstat 命令的各参数含义说明如下。

- –a RemoteName：显示远程计算机的 NetBIOS 名称表，其中，RemoteName 是远程计算机的 NetBIOS 名称。NetBIOS 名称表是运行在该计算机上的应用程序使用的 NetBIOS 名称列表。
- –A IP address：显示远程计算机的 NetBIOS 名称表，其名称由远程计算机的 IP 地址指定（以小数点分隔）。
- -c：显示 NetBIOS 名称缓存内容、NetBIOS 名称表及其解析的各个地址。
- -n：显示本地计算机的 NetBIOS 名称表。Registered 中的状态表明该名称是通过广播或 WINS 服务器注册的。
- -r：显示 NetBIOS 名称解析统计资料。在配置为使用 WINS 的 Windows 计算机上，该参数将返回已通过广播和 WINS 解析和注册的名称号码。

● −R：清除 NetBIOS 名称缓存的内容并从 Lmhosts 文件中重新加载带有#PRE 标记的项目。

● −RR：重新释放并刷新通过 WINS 注册的本地计算机的 NetBIOS 名称。

● -s：显示使用其 IP 地址的另一台计算机的 NetBIOS 连接表。

● -S：显示客户端和服务器会话，只通过 IP 地址列出远程计算机。

● interval：重新显示选择的统计资料，可以中断每个显示之间的 interval 中指定的秒数。按 Ctrl+C 组合键停止重新显示统计信息。如果省略该参数，NBtstat 将只显示一次当前的配置信息。

2. NBtstat 命令应用

知道对方 IP 地址，查对方主机的 MAC 地址，如图 1-8 所示。

图 1-8　查对方主机的 MAC 地址显示结果

1.4　思考题

（1）你的计算机平时能正常上网，某天突然不能上网了，你能否查出是什么原因造成的？

（2）如何查出计算机的 MAC 地址？有多少种方法？

（3）在同一个局域网内，知道对方的 IP 地址，如何查出它的主机名？

1.5　实验报告

按照实验报告的格式要求书写实验报告。

实验 2　制作双绞线

2.1　实验目的

（1）了解双绞线布线标准。
（2）掌握直通式双绞线的制作方法。
（3）掌握交叉式双绞线的制作方法。
（4）掌握测线器的使用方法。

2.2　实验器材

双绞线、RJ-45（水晶头）、压线钳、测线器。

2.3　实验步骤

（1）备好 5 类线（即现在通用的网线）、RJ-45 插头（即通常说的水晶头）、一把专用的压线钳以及一个测线器，如图 2-1 所示。

RJ-45 插头

5 类双绞线

压线钳

测线器

图 2-1　实验用器材

（2）用压线钳的剥线刀口将 5 类线的外保护套管划开（注意，不要将里面的双绞线的绝缘层划破），刀口距 5 类线的端头 2～3 厘米，如图 2-2 所示。

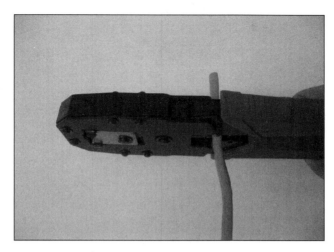

图 2-2　划开外保护套

（3）将划开的外保护套管剥去，如图 2-3 中的步骤 3 所示。

（4）露出 5 类线电缆中的四对双绞线（如图 2-3 中的步骤 4 所示），观察四对线的绞距是否一样，思考为什么要将线做成这样。

（5）把四对线分别解开至外保护管断口处，按照 EIA/TIA-568B 标准和导线颜色将导线按顺序排好（如图 2-3 中的步骤 5 所示）。（EIA/TIA-568B：白橙，橙，白绿，蓝，白蓝，绿，白棕，棕；EIA/TIA-568A：白绿，绿，白橙，蓝，白蓝，橙，白棕，棕）。

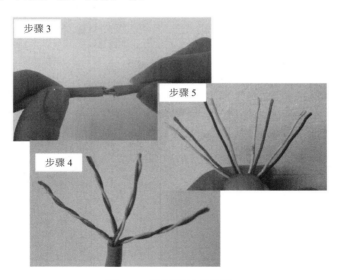

图 2-3　识别四对双绞线

（6）将 8 根导线平坦整齐地平行排列，并用拇指指甲固定导线，导线间不留空隙（如图 2-4 所示）。

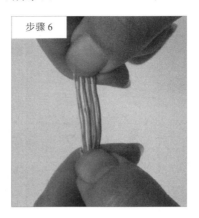

图 2-4　固定导线

（7）剪断电缆线。要尽量剪得整齐，露在包层外面的导线长度不可太短或太长（约 10～12mm），注意不要剥开每根导线的绝缘外层，如下图 2-5 所示。

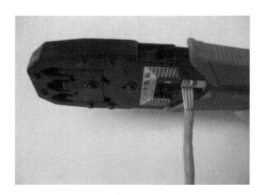

图 2-5　剪齐导线

（8）将剪断的电缆线放入 RJ-45 插头（注意，水晶头没有弹片一面朝向自己，有金属压片的一头朝上，线要插到水晶头底部），电缆线的外保护层最后应能够在 RJ-45 插头内的凹陷处被压实，如图 2-6 所示。

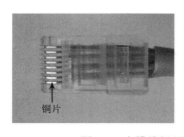
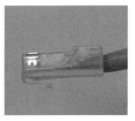

图 2-6　电缆线插入 RJ-45 插头

（9）在确认一切都正确后（特别要注意不要将导线的顺序排列反了），将 RJ-45 插头放入压线钳的压头槽内，双手紧握压线钳的手柄，用力压紧，如图 2-7 所示。请注意，在这一步骤完成后，插头的 8 个针脚接触点就穿过导线的绝缘外层，分别和 8 根导线紧紧地压接在一起，一个水晶头就做好了。

图 2-7　用压线钳进行压实

（10）按照同样的办法将双绞线另一头也做好水晶头。

（11）最后用测线器测试网线和水晶头是否连接正常，如果两组 1，2，3，4，5，6，7，8 指标灯对应的灯同时亮，则表示双绞线制作成功，如图 2-8 所示。

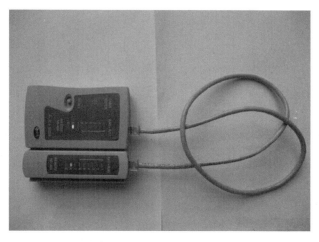

图 2-8　用测线器进行测试

需要指出的是：交叉线和直通线的做法差别仅在于双绞线两端分别用 568A 和 568B 标准。反转线的做法就是两端的顺序完全颠倒。

要求掌握每种双绞线各自的用途、适用的场合、发挥的作用。

2.4　思考题

（1）网线有四对线，为什么每对线都要缠绕着？

（2）直通线和交叉线的区别是什么？

（3）两台计算机通过连一条直通线能互相访问吗？请分析其原因。

2.5　实验报告

按照实验报告的格式要求书写实验报告。

实验 3 子网掩码与划分子网

3.1 实验拓扑图

子网掩码与划分子网实验拓扑图如图 3-1 所示。

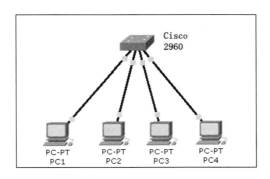

图 3-1 实验拓扑图

3.2 实验目的

（1）掌握子网掩码的算法。
（2）了解网关的作用。
（3）熟悉模拟软件 Packet Tracer 7.0 的使用（见附录 C）。

3.3 实验步骤

1. 子网掩码的算法

比如，我们有三个不同的子网，每个网络的 host 数量分别为 20，25 和 50，下面依次称为甲网、乙网和丙网，但只申请了一个网络标识符（Network ID）——192.168.10.0。首先，我们把甲网和乙网的子网掩码（Subnet Masks）改为 255.255.255.224，224 的二进制值为 11100000，即它的子网掩码为：11111111.11111111.11111111.11100000，这样，我们把 host ID 的高三位用来区分子网，这三位共有 000，001，010，011，100，101，

110，111 八种组合，除去 000（代表本身）和 111（代表广播），还有六个组合，也就是可提供六个子网，它们的 IP 地址见表 3-1。

表 3-1　六个子网的 IP 地址划分

前三个字节	第四个字节	第四个字节对应的二进制	子网
192.168.3	33～62	00100001～00111110	第一个子网
	65～94	01000001～01011110	第二个子网
	97～126	01100001～01111110	第三个子网
	129～158	10000001～10011110	第四个子网
	161～190	10100001～10111110	第五个子网
	193～222	11000001～11011110	第六个子网

选用 161～190 段给甲网，193～222 段给乙网，因为各个子网都支持 30 台主机，足以应付甲网 20 台和乙网 25 台的需求。

再来看丙网，由于丙网有 50 台主机，按上述划分方法无法满足它的 IP 需求，我们可以将它的子网掩码设为 255.255.255.192，由于 192 的二进制值为 11000000，按上述方法，它可以划分为两个子网，其 IP 地址见表 3-2。

表 3-2　两个子网的 IP 地址划分

前三个字节	第四个字节	第四个字节对应的二进制	子网
192.168.3	65～126	01000001～01111110	第一个子网
	129～190	10000001～10111110	第二个子网

这样每个子网有 62 个 IP 可用，将 65～126 分配给丙网，多个子网用一个 Network ID 即可实现。

如果将子网掩码设置得过大，也就是说子网范围扩大，那么根据子网寻径规则，很可能发往和本地机不在同一子网内的目的机的数据，会因为错误的相与结果而认为是在同一子网内，那么，数据包将在本子网内循环，直到超时并被抛弃。这样一来，数据不能正确到达目的机，导致网络传输错误。

如果将子网掩码设置得过小，那么就会将本来属于同一子网内的机器之间的通信当做是跨子网传输，数据包都交给默认网关处理，这样势必增加默认网关的负担，造成网络效率下降。因此，任意设置子网掩码是不对的，应该根据网络管理部门的规定进行设置。

通过计算，我们可以得出每个子网的最小 IP 地址和最大 IP 地址，例如，第一个子网的最小 IP 地址是：192.168.10.33/27，最大 IP 地址是：192.168.10.62/27。我们也可以找两台主机来做实验，host A 的 IP 地址：192.168.10.33/27，而 host B 的 IP 地址在 192.168.10.34/27～192.168.10.62/27 之间，这样它们都是互通的。如果你把 host B 的 IP 地址设置为

192.168.10.65/27 ，它们就不能互通了。还有一点要注意，我们不能把 IP
地址设置成 192.168.10.63/27 和 192.168.10.64/27，否则计算机会出现错误
提示，如图 3-2 所示。因为前者是广播地址，而后者是网络地址，这两种
地址是不允许分配给主机使用的。

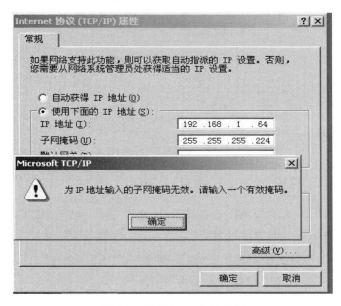

图 3-2　设置的 IP 地址出错

2. 什么是网关

顾名思义，网关（Gateway）就是一个网络连接到另一个网络的"关
口"。 按照不同的分类标准，网关也有很多种。TCP/IP 协议里的网关是最
常用的，在这里我们所讲的"网关"均指 TCP/IP 协议下的网关。

那么网关到底是什么呢？网关实质上是一个网络通向其他网络的 IP
地址。比如有网络 A 和网络 B，网络 A 的 IP 地址范围为"192.168.1.1～192.
168.1.254"，子网掩码为 255.255.255.0；网络 B 的 IP 地址范围为
"192.168.2.1～192.168.2.254"，子网掩码为 255.255.255.0。在没有路由器
的情况下，两个网络之间是不能进行 TCP/IP 通信的，即使是两个网络连接
在同一台交换机（或集线器）上，TCP/IP 协议也会根据子网掩码
（255.255.255.0）判定两个网络中的主机处在不同的网络里。而要实现这
两个网络之间的通信，则必须通过网关。如果网络 A 中的主机发现数据包
的目的主机不在本地网络中，就把数据包转发给它自己的网关，再由网关
转发给网络 B 的网关，网络 B 的网关再转发给网络 B 的某个主机（如图
3-3 所示）。网络 B 向网络 A 转发数据包的过程也是如此。

所以说，只有设置好网关的 IP 地址，TCP/IP 协议才能实现不同网络
之间的相互通信。那么这个 IP 地址是哪台机器的 IP 地址呢？网关的 IP 地

址是具有路由功能的设备的近端接口的 IP 地址，其中具有路由功能的设备有路由器、启用了路由协议的服务器以及代理服务器（两者都相当于一台路由器）。

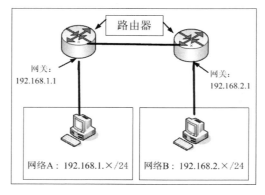

图 3-3 网关的作用

下面，我们将本机按照图 3-4 设置 TCP/IP 属性，其中 IP 地址最后一个字节设为显示器上的数字编号。

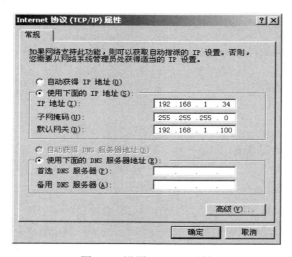

图 3-4 设置 TCP/IP 属性

注意：主机所设置的网关一定要和主机的 IP 地址属于同一个子网，否则主机连网关都不能 Ping 通，更不要说跨网段访问了。

3.4 思考题

（1）试用自己学过的知识分析并回答以下问题，然后在实验室验证你的结论。

- 172.16.0.220/25 和 172.16.2.33/25 分别属于哪个子网？
- 192.168.1.60/26 和 192.168.1.66/26 能不能互相 Ping 通？为什么？
- 210.89.14.25/23，210.89.15.89/23，210.89.16.148/23 之间能否互相 Ping 通，为什么？

（2）某单位分配到一个 C 类 IP 地址，其网络地址为 192.168.1.0，该单位有 100 台左右的计算机，并且分布在两个不同的地点，每个地点的计算机数大致相同，试给每一个地点分配一个子网号码，并写出每个地点计算机的最大 IP 地址和最小 IP 地址。

（3）对于 B 类地址，假如主机数小于或等于 254，与 C 类地址算法相同。对于主机数大于 254 的，如需主机 700 台，又应该怎么划分子网呢？例如，其网络地址为 192.168.0.0，请计算出第一个子网的最大 IP 地址和最小 IP 地址。

（4）某单位分配到一个 C 类 IP 地址，其网络地址为 192.168.10.0，该单位需要划分 28 个子网，请计算出子网掩码和每个子网有多少个 IP 地址。

3.5 实验报告

按照实验报告的格式要求书写实验报告。

实验 4　交换机基本配置

4.1　实验拓扑图

交换机基本配置实验拓扑图如图 4-1 所示。

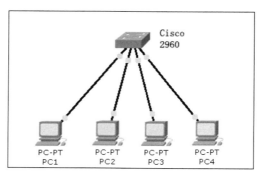

图 4-1　实验拓扑图

4.2　实验目的

（1）了解交换机的作用。

（2）掌握交换机的基本配置方法。

（3）熟悉 Packet Tracer 7.0 交换机模拟软件的使用（见附录 C）。

4.3　实验步骤

（1）在任何模式下，用户在输入命令时，不用全部将其输入，只要前几个字母能够唯一标识该命令便可，在此时按 Tab 键将显示全称。

如：interface serial 0/1 可以写成：int s 0/1。

（2）在任何模式下，输入一个"？"即可显示所有在该模式下的命令。

（3）如果不会拼写某个命令，可以键入开始的几个字母，在其后紧跟一个"？"，交换机即显示有什么样的命令与其匹配。

（4）如果不知道命令后面的参数应是什么，可以在该命令的关键字后加一个空格，键入"？"，交换机即会提示与"？"对应的参数是什么，例如，Switch#show ?

（5）要删除某条配置命令，可在原配置命令前加一个 no 和空格。

（6）了解交换机的各种模式的功能，如图 4-2 所示。

```
switch>enable    （用户模式）
switch#conf t    （特权模式）
switch(config)#interface vlan 1 （全局配置模式）
switch(config-if)#  （端口配置模式）
switch(config-line)#  （访问配置模式）
```

图 4-2　了解交换机的各种模式的功能

（7）修改交换机名称和密码，如图 4-3 所示。

```
名称switch(config)#hostname xxx
密码switch(config)#enable password 123
密码switch(config)#enable secret abc
这样设置密码有什么区别呢？
```

图 4-3　修改交换机名称和密码

退到上一层模式用"exit"，要退到特权模式用"end"。

查看交换机配置文件信息用 show startup-config，查看当前所有配置信息用 show running-config。

保存当前配置用 copy running-config startup-config（若没保存，重启后配置丢失）。

重启交换机用 reload 命令。

注意，以上三个命令都在特权模式下输入。

（8）IP 地址配置如图 4-4 所示。

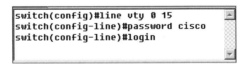

```
switch(config)#interface vlan 1
switch(config-if)#ip address 192.168.1.254 255.255.255.0
switch(config-if)#no shutdown  （默认是关闭）|
```

图 4-4　IP 地址配置

（9）telnet 配置如图 4-5 所示。

```
switch(config)#line vty 0 15
switch(config-line)#password cisco
switch(config-line)#login
```

图 4-5　telnet 配置

（10）连接登录到真正 Cisco 设备的过程，有以下四种方式：

● 通过 Console（控制台）终端方式；

● 通过 Telnet 远程访问；

● 通过 Web 管理界面；
● 通过网管软件。

步骤 1：要连接一台还没配置的新交换机或者没有管理 IP 地址的交换机，只能用终端方式访问，利用 console 线连接设备的 console 口与 PC 机的串口。

步骤 2：设置好交换机的管理 IP 地址后，就可以通过 telnet 登录到交换机进行管理了，如图 4-6 所示。

```
Switch(config)#int vlan 1
Switch(config-if)#ip address 10.10.4.254 255.255.255.0
Switch(config-if)#exit
Switch(config)#ip default-gateway 10.10.4.1
Switch(config)#
```

图 4-6 通过 telnet 登录

步骤 3：PC 机 telnet 到 10.0.4.254 上访问（所有密码为 cisco）。

大家通过以上两种方式访问交换机就可以看到交换机里面的配置了。另外两种方式可自行进行实验。

4.4 思考题

（1）交换机有多少种配置模式？
（2）为了方便管理，交换机需开通 telnet 功能，请问如何配置交换机？
（3）查看交换机所有配置信息用哪条命令？

4.5 实验报告

按照实验报告的格式要求书写实验报告。

实验 5 管理 MAC 地址转发表

5.1 实验拓扑图

管理 MAC 地址转发表的实验拓扑图如图 5-1 所示。

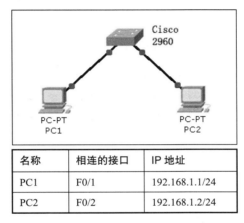

名称	相连的接口	IP 地址
PC1	F0/1	192.168.1.1/24
PC2	F0/2	192.168.1.2/24

图 5-1 实验拓扑图

5.2 实验目的

（1）了解交换机的作用。
（2）通过 MAC 地址转发表，理解交换机的基于 MAC 地址转发表的工作过程。
（3）掌握添加静态 MAC 地址的方法。

5.3 实验步骤

（1）在发生通信前，查看 MAC 地址转发表，结果为空，如图 5-2 所示。

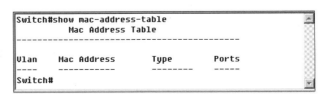

图 5-2 查看 MAC 地址转换表

（2）在 PC1 计算机命令提示符下，用命令"ipconfig /all"分别查看网卡的 MAC 地址，如图 5-3 所示。

```
PC>ipconfig /all

Physical Address................: 00D0.D3D8.0159
IP Address......................: 192.168.1.1
Subnet Mask.....................: 255.255.255.0
Default Gateway.................: 0.0.0.0
DNS Servers.....................: 0.0.0.0
```

图 5-3　用 ipconfig /all 命令查看 MAC 地址（PC1）

（3）在 PC2 计算机命令提示符下，用命令"ipconfig /all"分别查看网卡的 MAC 地址，如图 5-4 所示。

```
PC>ipconfig /all

Physical Address................: 0006.2AE1.E4D9
IP Address......................: 192.168.1.2
Subnet Mask.....................: 255.255.255.0
Default Gateway.................: 0.0.0.0
DNS Servers.....................: 0.0.0.0
```

图 5-4　用 ipconfig /all 命令查看 MAC 地址（PC2）

（4）在主机 PC1 上用 Ping 命令对主机 PC2 发送信息后，再查看 MAC 地址转发表，如图 5-5 所示。

```
Switch#show mac-address-table
          Mac Address Table
-------------------------------------------

Vlan    Mac Address       Type        Ports
----    -----------       --------    -----

   1    0006.2ae1.e4d9    DYNAMIC     Fa0/2
   1    00d0.d3d8.0159    DYNAMIC     Fa0/1
Switch#
```

图 5-5　PC1 对 PC2 发送信息后，查看 MAC 地址转发表

这是一个自学习数据帧源地址的过程。用 Ping 命令对主机 PC2 发送信息时，由于转发表为空，没有任何匹配信息，所以交换机向除源端口外的所有端口广播此帧，最终 PC2 会收到该数据帧。交换机学习到了该帧的源地址（00d0.d3d8.0159），则将 00d0.d3d8.0159 → F0/1 这样一条映射关系列入转发表中。PC2 响应 PC1 时也是同样的过程。

（5）设置静态 MAC 地址，命令如图 5-6 所示。

```
Switch#config t
Switch(config)#mac-address-table static 0006.2ae1.e4d9 vlan 1 interface f0/2
```

图 5-6　设置静态 MAC 地址

（6）查看 MAC 地址转发表，显示信息如图 5-7 所示。

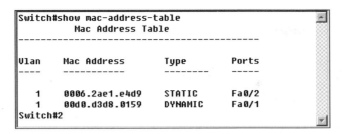

图 5-7　查看 MAC 地址转发表

需要注意的是，即使将对应该静态 MAC 地址的设备 PC2 拆除了，目的地址为 0006.2ae1.e4d9 的数据帧依然会被转发至端口 F0/2。

（7）取消静态 MAC 地址，命令如图 5-8 所示。

图 5-8　取消静态 MAC 地址

5.4　思考题

如果在交换机设置静态 MAC 地址，把 PC2 的 MAC 地址设置在 F0/2 接口，但 PC2 实际连接的是 F0/4 接口，这样 PC1 能 Ping 通 PC2 吗？如果不通，请说明原因。

5.5　实验报告

按照实验报告的格式要求书写实验报告。

实验 6 虚拟局域网（VLAN）实验

6.1 实验拓扑图

虚拟局域网（VLAN）实验拓扑图如图 6-1 所示。

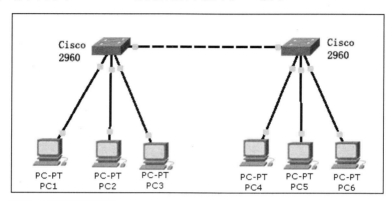

名称	相连的接口	IP 地址
PC1	F0/5	172.1.1.2/24
PC2	F0/6	172.1.1.3/24
PC3	F0/7	172.1.1.4/24
PC4	F0/5	172.1.1.10/24
PC5	F0/6	172.1.1.11/24
PC6	F0/7	172.1.1.12/24

图 6-1　VLAN 实验拓扑图

6.2 实验内容

（1）分别把交换机命名为 SWA，SWB。

（2）划分虚拟局域网 vlan，并静态地把端口划分到 vlan 中。

第一，使用两种方法划分 vlan。

● 在全局模式下划分 vlan：使用这种方法在 SWA 交换机上创建三个
vlan，分别为：vlan 2，vlan 3 和 vlan 4，vlan 名称可任意定义。

- 进入 vlan database 划分 vlan：使用这种方法在 SWB 交换机上创建三个 vlan，分别为：vlan 2，vlan 3 和 vlan 4，vlan 名称可任意定义。

第二，按下面的要求把端口静态地划分到 vlan 中。

把 SWA 交换机上的 F0/5 端口划分到 vlan 2，F0/6 端口划分到 vlan 3，F0/7 端口划分到 vlan 4 里面。

把 SWB 交换机上的 F0/5 端口划分到 vlan 2，F0/6 端口划分到 vlan 3，F0/7 端口划分到 vlan 4 里面。

第三，删除 vlan 信息。

- 在 SWA 交换机上删除 vlan 2,vlan 3 信息。
- 在 SWB 交换机上删除 vlan 2,vlan 3 信息。

6.3　实验步骤

交换机的基本配置：分别把交换机命名为 SWA，SWB。

1. SWA 的基本配置

SWA 的基本配置如图 6-2 所示。

```
switch>en
switch#config t
switch(config)#hostname swA
swA(config)#end
swA#
```

图 6-2　SWA 的基本配置

说明：由于 Telnet 的需要，交换机已事先对 vlan 1 配置了管理 IP 地址 10.10.X.254，其中，X 为组号。

2. SWB 的基本配置

SWB 的基本配置如图 6-3 所示。

```
switch>en
switch#config t
switch(config)#hostname swB
swB(config)#end
swB#
```

图 6-3　SWB 的基本配置

在进行下面的配置之前，我们可以先测试主机之间的通信情况，发现PC1，PC2，PC3，PC4，PC5，PC6 都是互通的。

3. 划分 vlan 和静态地把端口划分到 vlan 中

（1）划分 vlan

SWA 的配置如图 6-4 所示。

```
swA#config t
swA(config)#vlan 2
swA(config-vlan)#name vlan2
swA(config-vlan)#exit
swA(config)#vlan 3
swA(config-vlan)#name vlan3
swA(config-vlan)#exit
swA(config)#vlan 4
swA(config-vlan)#name vlan4
swA(config-vlan)#exit
```

图 6-4　划分 vlan 时，SWA 的配置

SWB 的配置如图 6-5 所示。

```
SwB>en
SwB#vlan database
SwB(vlan)#vlan 2 name vlan2
VLAN 2 added:
     Name: vlan2
SwB(vlan)#vlan 3 name vlan3
VLAN 3 added:
     Name: vlan3
SwB(vlan)#vlan 4 name vlan4
VLAN 4 added:
     Name: vlan4
SwB(vlan)#exit
APPLY completed.
Exiting....
SwB#
```

图 6-5　划分 vlan 时，SWB 的配置

（2）把端口静态地划分到 valn 中

SWA 的配置如图 6-6 所示。

```
swA#config t
swA(congfig)#int f0/5
swA(congfig-if)#switchport mode access
swA(congfig-if)#switchport access vlan 2
swA(congfig-if)#exit
swA(congfig)#int f0/6
swA(congfig-if)#switchport mode access
swA(congfig-if)#switchport access vlan 3
swA(congfig-if)#exit
swA(congfig)#int f0/7
swA(congfig-if)#switchport mode access
swA(congfig-if)#switchport access vlan 4
swA(congfig-if)#end
```

图 6-6　把 SWA 上的静态端口划分到 vlan 中

SWB 的配置如图 6-7 所示。

```
swB#config t
swB(congfig)#int f0/5
swB(congfig-if)#switchport mode access
swB(congfig-if)#switchport access vlan 2
swB(congfig-if)#exit
swB(congfig)#int f0/6
swB(congfig-if)#switchport mode access
swB(congfig-if)#switchport access vlan 3
swB(congfig-if)#exit
swB(congfig)#int f0/7
swB(congfig-if)#switchport mode access
swB(congfig-if)#switchport access vlan 4
swB(congfig-if)#end
```

图 6-7　把 SWB 上的静态端口划分到 vlan 中

4. 查看配置

在 SWA 中运行 show vlan 或者 show vlan brief，会显示 vlan 配置信息，如图 6-8 所示。

```
swA#
swA#show vlan

VLAN Name                             Status    Ports
---- -------------------------------- --------- -------------------------------
1    default                          active    Fa0/1, Fa0/2, Fa0/3, Fa0/4
                                                Fa0/8, Fa0/9, Fa0/10, Fa0/11
                                                Fa0/12
2    vlan2                            active    Fa0/5
3    vlan3                            active    Fa0/6
4    vlan4                            active    Fa0/7
1002 fddi-default                     active
1003 token-ring-default               active
1004 fddinet-default                  active
1005 trnet-default                    active
```

图 6-8　查看配置（SWA）

在 SWB 中运行 show vlan，会显示 vlan 配置信息，如图 6-9 所示。

```
swB#
swB#show vlan

VLAN Name                             Status    Ports
---- -------------------------------- --------- -------------------------------
1    default                          active    Fa0/1, Fa0/2, Fa0/3, Fa0/4
                                                Fa0/8, Fa0/9, Fa0/10, Fa0/11
                                                Fa0/12
2    vlan2                            active    Fa0/5
3    vlan3                            active    Fa0/6
4    vlan4                            active    Fa0/7
1002 fddi-default                     active
1003 token-ring-default               active
1004 fddinet-default                  active
1005 trnet-default                    active
```

图 6-9　查看配置（SWB）

5. 实测 VLAN

接下来测试一下：我们会发现 PC1，PC2，PC3 之间都不能互通了，而 PC4，PC5，PC6 也不能互通。此时，PC1 与 PC4，PC2 与 PC5，PC3 与 PC6 是不能通信的。解决办法有以下两个。

方法一：在两个交换机之间连接三条线路，用以连接不同的 vlan。其中，两个交换机连接的接口情况为：F0/8—F0/8；F0/9—F0/9；F0/10—F0/10；如图 6-10 所示。

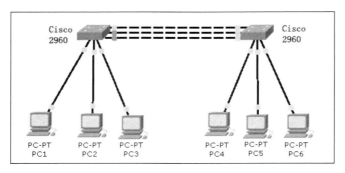

图 6-10　在两个交换机间增加连线

此时，将双方的 F0/8 静态地划分到 vlan 2 中，F0/9 静态划分到 vlan 3，F0/10 静态划分到 vlan 3，划分方法请参照上面步骤。这样，属于两个交换机的同名 vlan 的主机就能通信了。

方法二：在两个交换机之间建立一条 trunk 中继线线路代替方法一中的三条连线，双方都接 F0/12。配置方法如下。

SWA 的 trunk 配置如图 6-11 所示。

图 6-11　在两个交换机之间建立 trunk 线路（SWA）

SWB 的 trunk 配置如图 6-12 所示。

图 6-12　在两个交换机之间建立 trunk 线路（SWB）

此时，再验证一下各主机之间的通信关系，我们会发现 PC1 与 PC4

能互通；PC2 与 PC5 能互通；PC3 与 PC6 能互通；因为它们分别属于相同的 vlan。

6. 删除 vlan 信息

（1）在 SWA 交换机上删除 vlan 2，vlan 3 信息，如图 6-13 所示。

```
SwA>en
SwA#config t
SwA(config)#no vlan 2
SwA(config)#no vlan 3
SwA(config)#end
```

图 6-13　在 SWA 交换机上删除 vlan 信息

（2）在 SWB 交换机上删除 vlan 2，vlan 3 信息，如图 6-14 所示。

```
SwB>en
SwB#config t
SwB(config)#no vlan 2
SwB(config)#no vlan 3
SwB(config)#end
```

图 6-14　在 SWB 交换机上删除 vlan 信息

6.4　思考题

如果把 vlan 2，vlan 3，vlan 4 都删除了，两个交换机只连一条线，六台 PC 机能互相访问吗？如果不能，如何设置才能互相访问？

6.5　实验报告

按照实验报告的格式要求书写实验报告。

实验 7　三层交换机的配置

7.1　实验拓扑图

三层交换机的配置实验拓扑图如图 7-1 所示。

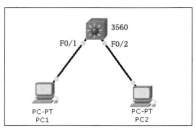

图 7-1　实验拓扑图

7.2　实验目的

（1）深入了解三层交换机的功能、特点及工作原理。
（2）掌握三层交换机实现路由功能的方法。

7.3　实验步骤

交换机的三层交换实际是在具有路由功能的交换机上实现的，比如思科的 Cisco 3560 和华为的 Quitway S3526 就是三层交换机，它们都支持路由功能。

交换机实现路由功能有两种情况，一种是通过 vlan ip 实现不同 vlan 间的路由；另一种是通过设置端口三层模式，通过端口 IP，实现不同网络间的路由。

1. 通过 vlan ip 做网关，实现不同 vlan 间的路由

表 7-1　通过 IP 地址实现 vlan 间的路由

名称	IP 地址	网关
PC1	192.168.1.1/24	192.168.1.2
PC2	192.168.2.1/24	192.168.2.2

在交换机上先建两个 vlan，分别为 vlan 2 和 vlan 3，将 F0/1 放入 vlan 2，将 F0/2 放入 vlan 3，再设置 vlan 2 和 vlan 3 的 IP 地址。参考配置如图 7-2 所示。

```
Switch#vlan database
Switch(vlan)#vlan 2
Switch(vlan)#vlan 3
Switch(vlan)#exits
Switch#conf t
Switch(config)#int f0/1
Switch(config-if)#switchport mode access
Switch(config-if)#switchport access vlan 2
Switch(config-if)#description connected PC1
Switch(config-if)#int f0/2
Switch(config-if)#switchport mode access
Switch(config-if)#switchport access vlan 3
Switch(config-if)#desription connected PC2
Switch(config-if)#exit
Switch(config)#int vlan 2
Switch(config-if)#ip address 192.168.1.2 255.255.255.0
Switch(config-if)#int vlan 3
Switch(config-if)#ip address 192.168.2.2 255.255.255.0
Switch(config-if)#exit
Switch(config)#ip routing
Switch(config)#end
```

图 7-2　用 vlan ip 做网关时的参考配置

如果 PC1 能 Ping 通 PC2，则表示三层交换配置正确，实验通过。

2. 通过设置端口的三层工作模式实现不同网络的路由

端口为三层模式，实际是通过 no switchport 关闭交换机端口的二层功能，再设端口的 IP 地址。但这一功能只有三层交换机才有。参考设置如图 7-3 所示。

```
Switch#conf t
Switch(config)#int f0/1
Switch(config-if)#no switchport
Switch(config-if)#ip address 192.168.1.2 255.255.255.0
Switch(config-if)#int f0/2
Switch(config-if)#no switchport
Switch(config-if)#ip address 192.168.1.2 255.255.255.0
Switch(config-if)#exit
Switch(config)#ip routing
Switch(config)#end
                                               Ln 5, Col 27
```

图 7-3　关闭交换机端口的二层功能

设置 PC1 和 PC2 的 IP 和网关地址不变。

如果 PC1 能 Ping 通 PC2，则表示三层交换配置正确，实验通过。

3. 三层、二层交换机联合配置

用三层交换机 Cisco 3560 做路由，二层交换机 Cisco 2960 下接计算机。通过虚拟局域网干线协议（Vlan Trunk Protocol）功能将三层交换机的

VLAN 信息传到下层，拓扑图如图 7-4 所示。

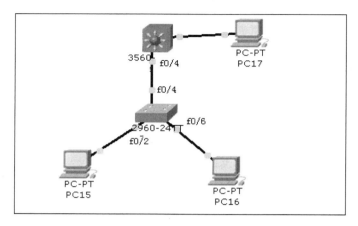

图 7-4   三层、二层交换机联合配置

（1）交换机 Cisco 2960 配置为 vtp client（VIP 客户机），vtp domain（VIP 域）为 abc，如图 7-5 所示。

```
Switch>en
Switch#vlan database
Switch(vlan)#vtp domain abc
Changing VTP domain name from NULL to abc
Switch(vlan)#vtp client
Setting device to VTP CLIENT mode.
Switch(vlan)#exit
APPLY completed.
Exiting....
Switch#
```

图 7-5   Cisco 2960 配置 VIP

（2）交换机 Cisco 2960 的 F0/4 接口配置为 trunk，如图 7-6 所示。

```
Switch>en
Switch#config t
Switch(config)#int f0/4
Switch(config-if)#switchport mode trunk
```

图 7-6   Cisco 2960 的接口配置

（3）交换机 Cisco 2960 的端口划分如图 7-7 所示。

```
Switch>en
Switch#config t
Switch(config)#int f0/2
Switch(config-if)#switchport access vlan 2
Switch(config)#int f0/6
Switch(config-if)#switchport access vlan 3
Switch(config-if)#
```

图 7-7   Cisco 2960 的端口划分

（4）核心交换机 Cisco 3560 配置为 vtp Server（VIP 服务器），vtp domain 为 abc，如图 7-8 所示。

```
Switch>en
Switch#vlan database
Switch(vlan)#vtp domain abc
Domain name already set to abc.
Switch(vlan)#vtp server
Setting device to VTP SERVER mode.
Switch(vlan)#exit
APPLY completed.
Exiting....
Switch#
```

图 7-8　Cisco 3560 配置 VIP

（5）核心交换机 Cisco 3560 的 F0/4 接口配置为 trunk，如图 7-9 所示。

```
Switch>en
Switch#config t
Switch(config)#int f0/4
Switch(config-if)#switchport mode trunk
```

图 7-9　Cisco 3560 的接口配置

（6）核心交换机 Cisco 3560 创建 vlan 和设置 vlan 的 IP 地址，如图 7-10 所示。

```
Switch#vlan database
Switch(vlan)#vlan 2
Switch(vlan)#vlan 3
Switch(vlan)#exits
Switch#conf t
Switch(config)#int vlan 2
Switch(config-if)#ip address 192.168.1.2 255.255.255.0
Switch(config-if)#int vlan 3
Switch(config-if)#ip address 192.168.2.2 255.255.255.0
Switch(config-if)#exit
Switch(config)#ip routing
Switch(config)#end
                                          Ln 6, Col 1
```

图 7-10　Cisco 3560 创建 vlan 和设置 IP

（7）把 PC15 的 IP 地址设置为 192.168.1.1/24，网关为 192.168.1.2；PC16 的 IP 地址设置为 192.168.2.1/24，网关为 192.168.2.2。如果 PC15 能 Ping 通 PC16，则表示三层交换配置正确，实验通过。

7.4　思考题

（1）三层交换机和普通交换机有什么区别？
（2）三层交换机和路由器有什么区别？

（3）如果改接 PC2 到其他端口（如：F0/7）情况会怎样呢？PC1 还能 Ping 通 PC2 吗？

7.5 实验报告

按照实验报告的格式要求书写实验报告。

实验 8 三层交换机的访问控制

8.1 实验拓扑图

三层交换机的访问控制实验拓扑图如图 8-1 所示。

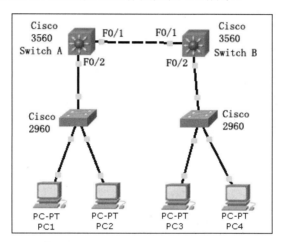

名称	接口	IP 地址	网关
SwitchA	F0/1	192.168.1.1/24	
	F0/2	172.1.1.1/24	
SwitchB	F0/1	192.168.1.2/24	
	F0/2	172.2.2.1/24	
PC1		172.1.1.2/24	172.1.1.1
PC2		172.1.1.3/24	172.1.1.1
PC3		172.2.2.2/24	172.2.2.1
PC4		172.2.2.3/24	172.2.2.1

图 8-1 实验拓扑图

8.2 实验目的

（1）ACL 能正常工作的前提是所有主机都能 Ping 通。

（2）设置三层交换机的 IP 地址及配置路由信息协议（RIP）路由。

（3）根据以上拓扑划分出的两个网段，要求禁止主机 PC4 访问172.1.1.0/24 网段。该如何实现？

8.3　实验步骤

（1）设置交换机接口 IP 地址。

Switch A 接口 IP 地址的配置如图 8-2 所示。

```
Switch#conf t
Switch(config)#int f0/1
Switch(config-if)#no switchport
Switch(config-if)#ip address 192.168.1.1 255.255.255.0
Switch(config-if)#int f0/2
Switch(config-if)#no switchport
Switch(config-if)#ip address 172.1.1.1 255.255.255.0
Switch(config-if)#exit
Switch(config)#ip routing
Switch(config)#end
```

图 8-2　Switch A 接口 IP 地址的配置

Switch B 的接口 IP 地址配置如图 8-3 所示。

```
Switch#conf t
Switch(config)#int f0/1
Switch(config-if)#no switchport
Switch(config-if)#ip address 192.168.1.2 255.255.255.0
Switch(config-if)#int f0/2
Switch(config-if)#no switchport
Switch(config-if)#ip address 172.2.2.1 255.255.255.0
Switch(config-if)#exit
Switch(config)#ip routing
Switch(config)#end
```

图 8-3　Switch B 的接口 IP 地址配置

（2）配置 RIP 路由。

Switch A 的 RIP 路由配置如图 8-4 所示。

```
Switch>en
Switch#config t
Enter configuration commands, one per line.  End with CNTL/Z.
Switch(config)#router rip
Switch(config-router)#version 2
Switch(config-router)#network 172.1.1.0
Switch(config-router)#network 192.168.1.0
Switch(config-router)#
```

图 8-4　Switch A 的 RIP 路由配置

Switch B 的 RIP 路由配置如图 8-5 所示。

```
Switch>en
Switch#config t
Switch(config)#router rip
Switch(config-router)#version 2
Switch(config-router)#network 172.2.2.0
Switch(config-router)#network 192.168.1.0
```

图 8-5　Switch B 的 RIP 路由配置

（3）检查互通情况。接下来测试一下 PC1，PC2，PC3，PC4 是否都能互相 Ping 通，如果都能互通，再做下面的步骤。

（4）标准访问控制列表（ACL）：要求禁止 PC4 访问 172.1.1.0/24 网段。

对 Switch A 进行 ACL 配置，如图 8-6 所示。

```
Switch>en
Switch#config t
Switch(config)#access-list 100 deny ip 172.2.2.3 0.0.0.0 172.1.1.0 0.0.0.255
Switch(config)#access-list 100 permit ip 172.2.2.0 0.0.0.255 172.1.1.0 0.0.0.255
Switch(config)#int f0/2
Switch(config-if)#ip access-group 100 out
Switch(config-if)#end
```

图 8-6　Switch A 的 ACL 配置

查看配置，查看 ACL 的命令，如图 8-7 所示。

```
Switch#show access-lists 100
Extended IP access list 100
    deny ip host 172.2.2.3 172.1.1.0 0.0.0.255 (4 match(es))
    permit ip 172.2.2.0 0.0.0.255 172.1.1.0 0.0.0.255 (12 match(es))
Switch#
```

图 8-7　查看配置及 ACL 命令

（5）测试。用主机 PC4 去 Ping 172.1.1.0/24 网段，如果主机 PC4 不能 Ping 通的主机，而其他主机可以 Ping 通，则实验成功。

（6）删除 ACL。Switch(config)# no access-list 100

注意：在删除一个 ACL 之前，要先查看该 ACL 应用在哪个接口的哪个方向上，先清除应用之后再做删除。

Switch(config-if)#no ip access-group 100 out

8.4　思考题

（1）如果是在 Switch A 的 F0/1 端口上设置标准访问控制列表（ACL），应该如何设置？它与在 F0/2 上设置有什么区别？

（2）如果要 PC1 能访问 PC3，但不能访问 PC4；PC2 能访问 PC4，但不能访问 PC3；应该如何设置？

8.5 实验报告

按照实验报告的格式要求书写实验报告。

实验 9　三层交换机综合实验

9.1　实验拓扑图

三层交换机综合实验拓扑图如图 9-1 所示。

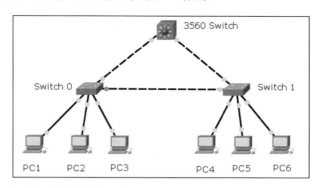

名称	相连的接口	IP 地址	网关
PC1	F0/3	172.1.1.2/28	172.1.1.1/28
PC2	F0/4	172.1.1.18/28	172.1.1.17/28
PC3	F0/5	172.1.1.34/28	172.1.1.33/28
PC4	F0/3	172.1.1.3/28	172.1.1.1/28
PC5	F0/4	172.1.1.19/28	172.1.1.17/28
PC6	F0/5	172.1.1.35/28	172.1.1.33/28

图 9-1　实验拓扑图

9.2　实验要求

（1）通过三层交换机让不同 vlan 的计算机之间能相互通信。
（2）设定三层交换机为整个网络的生成树的根。
（3）为每台交换机设定管理 IP 并可通过管理 IP 进行远程管理。
（4）综合实验中设置的口令统一为 cisco。

9.3 实验步骤

（1）分别在 Switch 0 和 Switch 1 交换机创建三个 vlan，分别为 vlan10，vlan20，vlan30，如图 9-2 所示；并通过 show vlan 查看结果，如图 9-3 所示。

```
Switch>en
Switch#conf t
Switch(config)#vlan 10
Switch(config-vlan)#exit
Switch(config)#vlan 20
Switch(config-vlan)#exit
Switch(config)#vlan 30
Switch(config-vlan)#exit
Switch(config)#
```

图 9-2   在 Switch 0 创建 vlan

```
Switch>en
Switch#show vlan

VLAN Name                             Status    Ports
---- -------------------------------- --------- -------------------------------
1    default                          active    Fa0/1, Fa0/2, Fa0/3, Fa0/4
                                                Fa0/5, Fa0/6, Fa0/7, Fa0/8
                                                Fa0/9, Fa0/10, Fa0/11, Fa0/12
                                                Fa0/13, Fa0/14, Fa0/15, Fa0/16
                                                Fa0/17, Fa0/18, Fa0/19, Fa0/20
                                                Fa0/21, Fa0/22, Fa0/23, Fa0/24
                                                Gig0/1, Gig0/2
10   VLAN0010                         active
20   VLAN0020                         active
30   VLAN0030                         active
1002 fddi-default                     active
1003 token-ring-default               active
1004 fddinet-default                  active
1005 trnet-default                    active
```

图 9-3   通过 show vlan 查看结果

（2）分别将 Switch 0 和 Switch 1 交换机的 F0/3，F0/4，F0/5 端口静态地划分到 vlan10，vlan20，vlan30，如图 9-4 所示。

```
Switch>en
Switch#config t
Switch(config)#interface f0/3
Switch(config-if)#switchport access vlan 10
Switch(config-if)#interface f0/4
Switch(config-if)#switchport access vlan 20
Switch(config-if)#interface f0/5
Switch(config-if)#switchport access vlan 30
Switch(config-if)#end
```

图 9-4   端口划分

（3）查看 vlan，如图 9-5 和 9-6 所示。

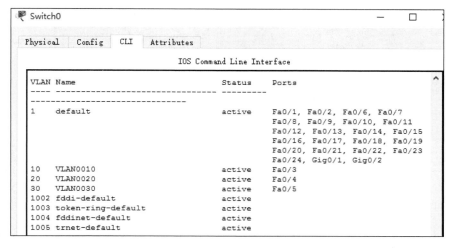

图 9-5 Switch 0 的 vlan 划分

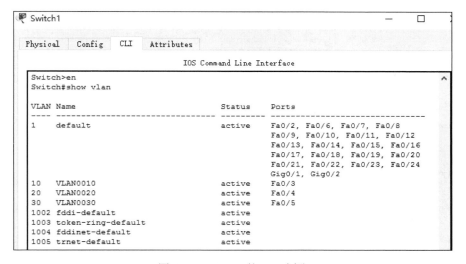

图 9-6 Switch 1 的 vlan 划分

4. 把二层交换机设置 trunk 模式

分别将 Switch 0 和 Switch 1 与三层交换机相连的接口 F0/1、F0/1 设置 vlan 中继（trunk 模式）。具体如图 9-7 所示。

```
Switch>en
Switch#conf t
Switch(config)#interface f0/1
Switch(config-if)#switchport mode trunk
Switch(config-if)#exit
```

图 9-7 配置 trunk 模式

查看 Switch 0 和 Switch 1 的配置 trunk 结果，如图 9-8 所示。

```
Switch#show interfaces trunk
Port         Mode           Encapsulation  Status        Native vlan
Fa0/1        on             802.1q         trunking      1

Port         Vlans allowed on trunk
Fa0/1        1-1005

Port         Vlans allowed and active in management domain
Fa0/1        1,10,20,30

Port         Vlans in spanning tree forwarding state and not
pruned
Fa0/1        10,20,30

Switch#
```

图 9-8　查看配置 trunk

5. 配置三层交换机

（1）在三层交换机上建立 vlan 10，vlan20 和 vlan30，如图 9-9 所示。

```
Switch>en
Switch#conf t
Switch(config)#vlan 10
Switch(config-vlan)#exit
Switch(config)#vlan 20
Switch(config-vlan)#exit
Switch(config)#vlan 30
Switch(config-vlan)#exit
Switch(config)#
```

图 9-9　在 3560 交换机创建 vlan

（2）查看 3560 交换机的 vlan 情况，如图 9-10 所示。

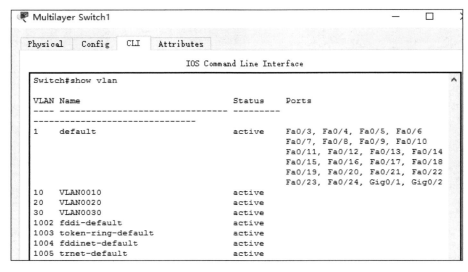

图 9-10　查看结果

（3）为 vlan 10 配置 IP 地址 172.1.1.1，子网掩码为 255.255.255.240。
vlan 20 配置 IP 地址 172.1.1.17，子网掩码为 255.255.255.240。vlan 30 配置

IP 地址 172.1.1.33，子网掩码为 255.255.255.240。具体如图 9-11 所示。

```
Switch#
Switch#config t
Switch(config)#interface vlan 10
Switch(config-if)#ip address 172.1.1.1
255.255.255.240
Switch(config-if)#exit
Switch(config)#interface vlan 20
Switch(config-if)#ip address 172.1.1.17
255.255.255.240
Switch(config-if)#exit
Switch(config)#interface vlan 30
Switch(config-if)#ip address 172.1.1.33
255.255.255.240
Switch(config-if)#exit
```

图 9-11　为 vlan 设置 IP 地址

（4）查看各个 vlan 的信息，如图 9-12、9-13 和 9-14 所示。

```
Switch#show interfaces vlan 10
Vlan10 is up, line protocol is up
  Hardware is CPU Interface, address is 0090.21ed.0201 (bia 0090.21ed.0201)
  Internet address is 172.1.1.1/28
  MTU 1500 bytes, BW 100000 Kbit, DLY 1000000 usec,
     reliability 255/255, txload 1/255, rxload 1/255
  Encapsulation ARPA, loopback not set
  ARP type: ARPA, ARP Timeout 04:00:00
  Last input 21:40:21, output never, output hang never
  Last clearing of "show interface" counters never
  Input queue: 0/75/0/0 (size/max/drops/flushes); Total output drops: 0
  Queueing strategy: fifo
  Output queue: 0/40 (size/max)
  5 minute input rate 0 bits/sec, 0 packets/sec
  5 minute output rate 0 bits/sec, 0 packets/sec
     1682 packets input, 530955 bytes, 0 no buffer
     Received 0 broadcasts (0 IP multicast)
     0 runts, 0 giants, 0 throttles
     0 input errors, 0 CRC, 0 frame, 0 overrun, 0 ignored
     563859 packets output, 0 bytes, 0 underruns
     0 output errors, 23 interface resets
     0 output buffer failures, 0 output buffers swapped out
```

图 9-12　vlan 10 的信息

```
Switch#show interfaces vlan 20
Vlan20 is up, line protocol is up
  Hardware is CPU Interface, address is 0090.21ed.0202 (bia 0090.21ed.0202)
  Internet address is 172.1.1.17/28
  MTU 1500 bytes, BW 100000 Kbit, DLY 1000000 usec,
     reliability 255/255, txload 1/255, rxload 1/255
  Encapsulation ARPA, loopback not set
  ARP type: ARPA, ARP Timeout 04:00:00
  Last input 21:40:21, output never, output hang never
  Last clearing of "show interface" counters never
  Input queue: 0/75/0/0 (size/max/drops/flushes); Total output drops: 0
  Queueing strategy: fifo
  Output queue: 0/40 (size/max)
  5 minute input rate 0 bits/sec, 0 packets/sec
  5 minute output rate 0 bits/sec, 0 packets/sec
     1682 packets input, 530955 bytes, 0 no buffer
     Received 0 broadcasts (0 IP multicast)
     0 runts, 0 giants, 0 throttles
     0 input errors, 0 CRC, 0 frame, 0 overrun, 0 ignored
     563859 packets output, 0 bytes, 0 underruns
     0 output errors, 23 interface resets
     0 output buffer failures, 0 output buffers swapped out
```

图 9-13　vlan 20 的信息

```
Switch#show interfaces vlan 30
Vlan30 is up, line protocol is up
  Hardware is CPU Interface, address is 0090.21ed.0203 (bia 0090.21ed.0203)
  Internet address is 172.1.1.33/28
  MTU 1500 bytes, BW 100000 Kbit, DLY 1000000 usec,
    reliability 255/255, txload 1/255, rxload 1/255
  Encapsulation ARPA, loopback not set
  ARP type: ARPA, ARP Timeout 04:00:00
  Last input 21:40:21, output never, output hang never
  Last clearing of "show interface" counters never
  Input queue: 0/75/0/0 (size/max/drops/flushes); Total output drops: 0
  Queueing strategy: fifo
  Output queue: 0/40 (size/max)
  5 minute input rate 0 bits/sec, 0 packets/sec
  5 minute output rate 0 bits/sec, 0 packets/sec
    1682 packets input, 530955 bytes, 0 no buffer
    Received 0 broadcasts (0 IP multicast)
    0 runts, 0 giants, 0 throttles
    0 input errors, 0 CRC, 0 frame, 0 overrun, 0 ignored
    563859 packets output, 0 bytes, 0 underruns
    0 output errors, 23 interface resets
    0 output buffer failures, 0 output buffers swapped out
```

图 9-14　vlan 30 的信息

（5）为三层交换机的 F0/1 和 F0/2 设置 trunk 模式，如图 9-15 所示。

```
Switch#conf t
Switch(config)#int f0/1
Switch(config-if)#switchport trunk encapsulation dot1q
Switch(config-if)#switchport mode trunk
Switch(config-if)#exit
Switch(config)#int f0/2
Switch(config-if)#switchport trunk encapsulation dot1q
Switch(config-if)#switchport mode trunk
Switch(config-if)#exit
```

图 9-15　配置 trunk 模式

（6）改变三层交换机的优先级，将三层交换机设置为根桥，具体如图 9-16 所示。

```
Switch#
Switch#config t
Switch(config)#spanning-tree vlan 1 priority 0
Switch(config)#spanning-tree vlan 10 priority 0
Switch(config)#spanning-tree vlan 20 priority 0
Switch(config)#spanning-tree vlan 30 priority 0
Switch(config)#exit
```

图 9-16　设置为根桥

（7）查看生成树状态，如图 9-17 所示。

```
Switch#show spanning-tree
VLAN0001
  Spanning tree enabled protocol ieee
  Root ID    Priority    1
             Address     0090.21ED.027C
             This bridge is the root
             Hello Time  2 sec  Max Age 20 sec  Forward Delay 15 sec

  Bridge ID  Priority    1  (priority 0 sys-id-ext 1)
             Address     0090.21ED.027C
             Hello Time  2 sec  Max Age 20 sec  Forward Delay 15 sec
             Aging Time  20

Interface          Role Sts Cost      Prio.Nbr Type
---------------    ---- --- --------- -------- --------------------------------
Fa0/1              Desg FWD 19         128.1    P2p
Fa0/2              Desg LRN 19         128.2    P2p

VLAN0010
  Spanning tree enabled protocol ieee
  Root ID    Priority    10
             Address     0090.21ED.027C
             This bridge is the root
             Hello Time  2 sec  Max Age 20 sec  Forward Delay 15 sec

  Bridge ID  Priority    10  (priority 0 sys-id-ext 10)
             Address     0090.21ED.027C
             Hello Time  2 sec  Max Age 20 sec  Forward Delay 15 sec
             Aging Time  20

Interface          Role Sts Cost      Prio.Nbr Type
---------------    ---- --- --------- -------- --------------------------------
Fa0/1              Desg FWD 19         128.1    P2p
Fa0/2              Desg FWD 19         128.2    P2p

VLAN0020
  Spanning tree enabled protocol ieee
  Root ID    Priority    20
             Address     0090.21ED.027C
             This bridge is the root
             Hello Time  2 sec  Max Age 20 sec  Forward Delay 15 sec

  Bridge ID  Priority    20  (priority 0 sys-id-ext 20)
             Address     0090.21ED.027C
             Hello Time  2 sec  Max Age 20 sec  Forward Delay 15 sec
             Aging Time  20

Interface          Role Sts Cost      Prio.Nbr Type
---------------    ---- --- --------- -------- --------------------------------
Fa0/1              Desg FWD 19         128.1    P2p
Fa0/2              Desg FWD 19         128.2    P2p

VLAN0030
  Spanning tree enabled protocol ieee
  Root ID    Priority    30
             Address     0090.21ED.027C
             This bridge is the root
             Hello Time  2 sec  Max Age 20 sec  Forward Delay 15 sec

  Bridge ID  Priority    30  (priority 0 sys-id-ext 30)
             Address     0090.21ED.027C
             Hello Time  2 sec  Max Age 20 sec  Forward Delay 15 sec
             Aging Time  20

Interface          Role Sts Cost      Prio.Nbr Type
---------------    ---- --- --------- -------- --------------------------------
Fa0/1              Desg FWD 19         128.1    P2p
Fa0/2              Desg FWD 19         128.2    P2p
```

图 9-17　生成树状态

6. 测试

测试所有 PC 客户机和网关能否都能 Ping 通？如果都能 Ping 通，则实验成功。如果不能，需启用三层交换机的路由功能，如图 9-18 所示。

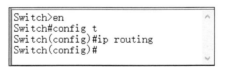

```
Switch>en
Switch#config t
Switch(config)#ip routing
Switch(config)#
```

图 9-18　启用路由功能

9.4　思考题

如果二层交换机和三层交换机需要通过设置 IP 进行远程管理，应该如何设置？

9.5　实验报告

按照实验报告的格式要求书写实验报告。

实验 10　路由器的基本配置

10.1　实验拓扑图

路由器基本配置的实验拓扑图如图 10-1 所示。.

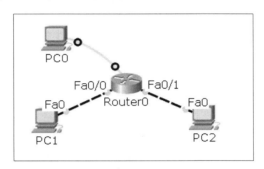

名称	相连的接口	IP 地址	网关
PC0		172.1.1.2/28	
PC1	F0/0	192.168.1.2/24	192.168.1.1/24
PC2	F0/1	10.10.1.2/24	10.10.1.1/24
	S0/0		172.159.1.1/24

图 10-1　实验拓扑图

10.2　实验目的

（1）了解路由器的作用。
（2）熟悉路由器的基本配置方法。
（3）熟悉 Packet Tracer 7.0 路由模拟软件的使用。

10.3　实验步骤

1.　基本设置方式

一般来说，可以用五种方式来设置路由器：

（1）控制台（Console 口）接终端，或运行终端仿真软件的计算机；

（2）辅助端口（AUX 口）接 Modem，通过电话线与远方的终端或运行终端仿真软件的计算机相连；

（3）通过 Ethernet 上的简单文件传输协议（TFTP）服务器；

（4）通过 Ethernet 上的 Telnet 程序；

（5）通过 Ethernet 上的简单网络管理协议（SNMP）路由器可通过运行网络管理软件的工作站配置，如 Cisco 的 CiscoWorks，HP 的 OpenView 等。

但路由器的第一次设置必须通过第一种方式进行，此时终端的硬件设置如下：

波特率：9600

数据位：8

停止位：1

奇偶校验：无

2. 常用命令

（1）帮助

在 IOS（交互操作系统）操作中，无论任何状态和位置，都可以键入"？"得到系统的帮助。

（2）改变命令状态

命令状态见表 10-1。

表 10-1　命令状态

任务	命令
进入特权命令状态	enable
退出特权命令状态	disable
进入设置对话状态	setup
进入全局设置状态	config terminal
退出全局设置状态	end
进入端口设置状态	interface type slot/number
进入子端口设置状态	interface type number.subinterface [point-to-point	multipoint]
进入线路设置状态	line type slot/number
进入路由设置状态	router protocol
退出局部设置状态	exit

（3）显示命令

显示命令见表 10-2。

表 10-2　显示命令

任务	命令
查看版本及引导信息	show version
查看运行设置	show running-config
查看开机设置	show startup-config
显示端口信息	show interface type slot/number
显示路由信息	show ip router

（4）基本设置命令

基本设置命令见表 10-3。

表 10-3　基本设置命令

任务	命令
全局设置	config terminal
设置访问用户及密码	username ××× password ××××××
设置特权密码	enable secret password
设置路由器名	hostname name
设置静态路由	ip route destination subnet-mask next-hop
启动 IP 路由	ip routing
启动 IPX 路由	ipx routing
端口设置	interface type slot/number
设置 IP 地址	ip address ip subnet-mask
设置 IPX 网络	ipx network network
激活端口	no shutdown
物理线路设置	line type number
启动登录进程	login [local|tacacs server]
设置登录密码	password ×××

3. 在路由器上配置 IP 地址

在路由器上配置各个端口的 IP 地址，并开启端口。

Router>enable　//进入特权模式。

Router# configure terminal　//进入全局配置模式。

Router(config)# hostname RA　//配置路由器名称为"RA"。

RA(config)# interface fastethernet 0/0　//进入路由器接口配置模式。

RA(config-if)# ip address 192.168.1.1 255.255.255.0　//配置路由器管理接口 IP 地址。

RA(config-if)# no shutdown　//开启路由器 fastethernet 0/1 接口。

RA(config)# interface fastethernet 0/1

· 53 ·

RA(config-if)# ip address 10.10.1.1 255.255.255.0   //配置路由器管理接口 IP 地址。

RA(config-if)# no shutdown

RA(config)# interface serial 0/0   //要手动添加模块，并确定是数据通信设备（DCE）
还是数据终端设备（DTE）。

RA(config-if)# ip address 172.159.1.1 255.255.255.0

RA(config-if)#clock   rate 64000   //如果是 DCE 接口，必须配时钟频率；另外一头
自动适应为 DTE 接口，不需要配时钟频率。

RA(config-if)# no shutdown

RA#show ip interface brief   //验证各个接口的 IP 地址已经配置和开启。

  实验中要明白所添加的模块接口名称表示方式：接口类型、接口数字标识/插槽数字标识，如 Serial 4/0 表示该接口为串口，第一个插槽的第 4 个接口，插槽的数字标识是从零开始的。

  验证测试：如果 PC1 能 Ping 通 PC2，说明实验成功。

4. 配置路由器远程密码

  （1）配置路由器远程登录密码

RA(config)# line vty 0 4   //进入路由器线路配置模式。

RA(config-line)# login   //配置远程登录。

RA(config-line)# password star   //设置路由器远程登录密码为"star"。

RA(config-line)#end

  验证测试：验证 PC1 是否可以通过网线远程登录到路由器上。

  （2）配置路由器特权模式密码

RA(config)# enable secret abc   //设置路由器特权模式，密码为"abc"。

RA(config)# enable password star   //设置路由器特权模式，明文密码为"star"。

  验证测试：验证从 PC1 通过网线远程登录到路由器上后，是否可以进入特权模式。对比 secret 密码和 password 密码，有什么不同？

10.4 思考题

  （1）路由器有多少种配置模式？

  （2）为了方便管理，路由器需开通 telnet 功能，请问如何配置路由器？

  （3）查看路由器所有配置信息用哪条命令？

（4）如果不设置路由器远程登录密码与路由器特权模式密码，可以通过 telnet 访问路由器吗？

（5）PC1 为什么不能 Ping 通 PC0 和 S0/0 的 IP 地址（172.159.1.1）？

10.5　实验报告

按照实验报告的格式要求书写实验报告。

实验 11　静态路由实验

11.1　实验拓扑图

静态路由实验拓扑图如图 11-1 所示。

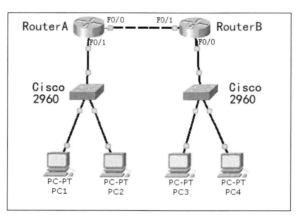

名称	接口	IP 地址	网关
Router A	F0/0	192.168.1.1/24	
	F0/1	172.1.1.1/24	
Router B	F0/0	172.2.2.1/24	
	F0/1	192.168.1.2/24	
PC1		172.1.1.2/24	172.1.1.1
PC2		172.1.1.3/24	172.1.1.1
PC3		172.2.2.2/24	172.2.2.1
PC4		172.2.2.3/24	172.2.2.1

图 11-1　实验拓扑图

11.2　实验要求

（1）路由器的基本配置：关闭域名解释；设置路由器接口 IP 地址。
（2）根据以上拓扑划分出的三个网段，要求配置静态路由以实现所有客户机都能相互通信。

（3）配置默认路由。

（4）了解 Ping 命令和 trace（跟踪）的原理和使用。

11.3　实验步骤

（1）Router A 的基本配置如图 11-2 所示。

```
Router>en
Router#config t
Router(config)#no ip domain-look （关闭域名解释）
Router(config)#int f0/0
Router(config-if)#ip address 192.168.1.1 255.255.255.0
Router(config-if)#no shutdown    （默认是shutdown）
Router(config-if)#exit
Router(config)#int f0/1
Router(config-if)#ip address 172.1.1.1 255.255.255.0
Router(config-if)#no shut
Router(config-if)#end
```

图 11-2　Router A 的基本配置

（2）Router B 的基本配置如图 11-3 所示。

```
Router>en
Router#config t
Router(config)#no ip domain-look （关闭域名解释）
Router(config)#int f0/0
Router(config-if)#ip address 172.2.2.1 255.255.255.0
Router(config-if)#no shutdown    （默认是shutdown）
Router(config-if)#exit
Router(config)#int f0/1
Router(config-if)#ip address 192.168.1.2 255.255.255.0
Router(config-if)#no shut
Router(config-if)#end
```

图 11-3　Router B 的基本配置

（3）在主机 PC1 上分别 Ping 主机 PC2 以及路由器 B 测试通信情况，记录 Ping 命令的回应信息。思考：为什么会产生这样的信息。

（4）配置静态路由。

Router A 的静态路由配置如图 11-4 所示。

```
router>en
router#conf t
router(config)#ip route 172.2.2.0 255.255.255.0 192.168.1.2
router(config)#end
```

图 11-4　Router A 的静态路由配置

（5）再次在主机 PC1 上分别 Ping 主机 PC2 以及路由器 B 测试通信情况。记录 Ping 命令的回应信息。思考：路由器 A 已经配置了到目的网络的静态路由，但为什么会产生这样的回应信息？

Router B 的静态路由配置如图 11-5 所示。

```
router>en
router#conf t
router(config)#ip route 172.1.1.0 255.255.255.0 192.168.1.1
router(config)#end
```

图 11-5　Router B 的静态路由配置

（6）查看配置。

在 Router A 运行 show ip route 命令会显示路由信息，如图 11-6 所示。

```
Router>en
Router#sh ip route
Codes: C - connected, S - static, I - IGRP, R - RIP, M - mobile, B - BGP
       D - EIGRP, EX - EIGRP external, O- OSPF, IA - OSPF inter area
       N1 - OSPF NSSA external type 1, N2 - OSPF NSSA external type 2
       i - IS-IS, L1 - IS-IS level-1, L2 - IS-IS level-2, * - candidate default
       U - per-user static route, o - ODR, P - periodic downloaded static route
       T - traffic engineered route

Gateway of last resort is not set

     172.1.0.0/24 is subnetted, 1 subnets
C       172.1.1.0 is directly connected, FastEthernet0/1
     172.2.0.0/24 is subnetted, 1 subnets
S       172.2.2.0 [1/0] via 192.168.1.2
C    192.168.1.0/24 is directly connected, FastEthernet0/0
Router#
```

图 11-6　显示路由信息（Router A）

其中，"S　172.2.2.0 [1/0] via 192.168.1.2"就是我们加上去的静态路由，如果没有显示这样的信息，就说明你没有把静态路由加载成功。在图 11-6 中，C 为直连网络，S 为静态路由，R 为路由信息协议（RIP 协议），O 为开放最短通路优先（OSPF）协议。

在 Router B 运行 show ip route 命令会显示路由信息，如图 11-7 所示。

```
Router>en
Router#show ip route
Codes: C - connected, S - static, I - IGRP, R - RIP, M - mobile, B - BGP
       D - EIGRP, EX - EIGRP external, O- OSPF, IA - OSPF inter area
       N1 - OSPF NSSA external type 1, N2 - OSPF NSSA external type 2
       i - IS-IS, L1 - IS-IS level-1, L2 - IS-IS level-2, * - candidate default
       U - per-user static route, o - ODR, P - periodic downloaded static route
       T - traffic engineered route

Gateway of last resort is not set

     172.1.0.0/24 is subnetted, 1 subnets
S       172.1.1.0 [1/0] via 192.168.1.1
     172.2.0.0/24 is subnetted, 1 subnets
C       172.2.2.0 is directly connected, FastEthernet0/0
C    192.168.1.0/24 is directly connected, FastEthernet0/1
Router#
```

图 11-7　显示路由信息（Router B）

（7）接下来测试一下 PC1，PC2，PC3，PC4 都能互相 Ping 通，这样就达到实验要求了。

（8）在路由器 A 或 B 上使用 trace 命令追踪数据包的走向。

如在 PC1 中，可以使用 Router# trace 172.2.2.3 查看数据包到 PC3 所走的路径和所花的时间。

（9）最后值得注意的是，如果一个网络中存在多个路由器时，在进行静态路由设置之后，一般要设置默认路由。当路由器不知道分组的目的网络时，路由器就会把分组转发到该接口。配置默认路由和静态路由格式一样，只是目的网络和子网源码都为全"0"，命令如下：

Router(config)# ip route 0.0.0.0 0.0.0.0 192.168.1.2。

11.4　思考题

（1）如果拓扑图如图 11-8 所示，应该如何配置才能使所有 PC 机相互通信？

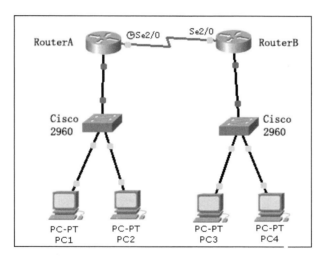

图 11-8　思考题（1）的实验拓扑图

提示：当两个路由器之间用串口相连时，必须设置其中一个路由器相连的接口为 DCE，另一个路由器的接口为 DTE。为 DCE 的接口必须先要设置时钟频率，操作如下：Router(config-if)#clock rate 64000，用 show controllers s x/x 命令即可查看接口是 DCE 还是 DTE。

（2）如果是三个路由器组成的拓扑图（如图 11-9 所示），应该如何配置才能让所有的 PC 机相互通信？

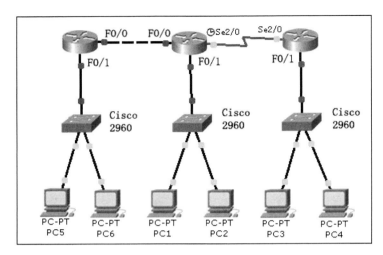

图 11-9　思考题（2）的实验拓扑图

11.5　实验报告

按照实验报告的格式要求书写实验报告。

实验 12　路由信息协议（RIP）实验

12.1　实验拓扑图

路由信息协议（RIP）实验拓扑图如图 12-1 所示。

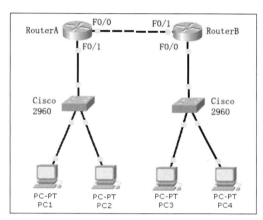

名称	接口	IP 地址	网关
Router A	F0/0	192.168.1.1/24	
	F0/1	172.1.1.1/24	
Router B	F0/0	172.2.2.1/24	
	F0/1	192.168.1.2/24	
PC1		172.1.1.2/24	172.1.1.1
PC2		172.1.1.3/24	172.1.1.1
PC3		172.2.2.2/24	172.2.2.1
PC4		172.2.2.3/24	172.2.2.1

图 12-1　实验拓扑图

12.2　实验要求

（1）路由器的基本配置：设置路由器接口 IP 地址。

（2）根据以上拓扑划分出的三个网段，要求配置 RIP 路由使所有客户机都能相互通信，该如何实现？

12.3　实验步骤

路由器的基本配置：设置路由器接口 IP 地址。

（1）Router A 的基本配置如图 12-2 所示。

```
Router>en
Router#config t
Router(config)#no ip domain-look （关闭域名解释）
Router(config)#int f0/0
Router(config-if)#ip address 192.168.1.1 255.255.255.0
Router(config-if)#no shutdown     （默认是shutdown）
Router(config-if)#exit
Router(config)#int f0/1
Router(config-if)#ip address 172.1.1.1 255.255.255.0
Router(config-if)#no shut
Router(config-if)#end
```

图 12-2　Router A 的基本配置

（2）Router B 的基本配置如图 12-3 所示。

```
Router>en
Router#config t
Router(config)#no ip domain-look （关闭域名解释）
Router(config)#int f0/0
Router(config-if)#ip address 172.2.2.1 255.255.255.0
Router(config-if)#no shutdown     （默认是shutdown）
Router(config-if)#exit
Router(config)#int f0/1
Router(config-if)#ip address 192.168.1.2 255.255.255.0
Router(config-if)#no shut
Router(config-if)#end
```

图 12-3　Router B 的基本配置

（3）RIP 路由的配置。
Router A 的 RIP 路由的配置如图 12-4 所示。

```
router>en
router#conf t
router(config)#router rip
router(config-router)#version 2
router(config-router)#network 172.1.1.0
router(config-router)#network 192.168.1.0
router(config-router)#end
router#
```

图 12-4　Router A 的 RIP 路由的配置

Router B 的 RIP 路由的配置如图 12-5 所示。

```
router>en
router#conf t
router(config)#router rip
router(config-router)#version 2
router(config-router)#network 172.2.2.0
router(config-router)#network 192.168.1.0
router(config-router)#end
router#
```

图 12-5　Router B 的 RIP 路由的配置

（4）查看配置。

在 Router A 运行 show ip route 命令会显示路由配置信息，如图 12-6 所示。

```
Router#show ip route
Codes: C - connected, S - static, I - IGRP, R - RIP, M - mobile, B - BGP
       D - EIGRP, EX - EIGRP external, O- OSPF, IA - OSPF inter area
       N1 - OSPF NSSA external type 1, N2 - OSPF NSSA external type 2
       i - IS-IS, L1 - IS-IS level-1, L2 - IS-IS level-2, * - candidate default
       U - per-user static route, o - ODR, P - periodic downloaded static route
       T - traffic engineered route

Gateway of last resort is not set

     172.1.0.0/24 is subnetted, 1 subnets
C       172.1.1.0 is directly connected, FastEthernet0/1
     172.2.0.0/24 is subnetted, 1 subnets
R       172.2.2.0 [120/1] via 192.168.1.2, 00:00:23, FastEthernet0/0
C       192.168.1.0/24 is directly connected, FastEthernet0/0
Router#_
```

图 12-6　Router A 显示的路由配置信息

其中，"R　172.2.2.0 [120/1] via 192.168.1.2　"就是我们加上去的 RIP 路由，如果没有显示这样的信息，就说明你没有把 RIP 路由加载成功。图 12-6 中，C 为直连网络，S 为静态路由，R 为 RIP 协议，O 为 OSPF 协议。

在 Router B 运行 show ip route 命令会显示路由信息，如图 12-7 所示。

```
Router#show ip route
Codes: C - connected, S - static, I - IGRP, R - RIP, M - mobile, B - BGP
       D - EIGRP, EX - EIGRP external, O- OSPF, IA - OSPF inter area
       N1 - OSPF NSSA external type 1, N2 - OSPF NSSA external type 2
       i - IS-IS, L1 - IS-IS level-1, L2 - IS-IS level-2, * - candidate default
       U - per-user static route, o - ODR, P - periodic downloaded static route
       T - traffic engineered route

Gateway of last resort is not set

     172.1.0.0/24 is subnetted, 1 subnets
R       172.1.1.0 [120/1] via 192.168.1.1, 00:00:14, FastEthernet0/1
     172.2.0.0/24 is subnetted, 1 subnets
C       172.2.2.0 is directly connected, FastEthernet0/0
C       192.168.1.0/24 is directly connected, FastEthernet0/1
Router#
```

图 12-7　Router B 显示的路由配置信息

（5）接下来测试一下 PC1，PC2，PC3，PC4 都能互相 Ping 通，这样就达到实验要求了。

（6）最后值得注意的是，如果一个网络中存在多个路由器时，在进行静态路由设置之后，一般要设置默认路由。当路由器不知道分组的目的网络的时候，路由器就会把分组转发到该接口。配置默认路由和静态路由格式一样，只是目的网络和子网源码都为全"0"。命令如下：

Router(config)# ip route 0.0.0.0 0.0.0.0 192.168.1.2。

（7）删除路由协议：Router(config)# no router rip。

12.4　思考题

（1）如果拓扑图如图 12-8 所示，应该如何配置才能使所有 PC 机相互通信？

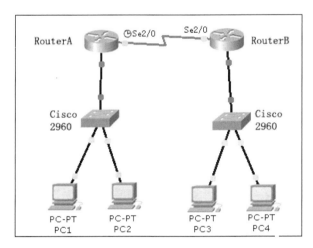

图 12-8　思考题（1）的拓扑图

提示： 当两个路由器之间用串口相连时，必须设置其中一个路由器相连的接口为 DCE，另一个路由器的接口为 DTE。而 DCE 的接口必须先要设置时钟频率，操作如下：

Router(config-if)#clock rate 64000

查看配置：

Router# show controllers s1/0

（2）如果是三个路由器组成的拓扑图（如图 12-9 所示），应该如何配置才能使所有 PC 机相互通信？

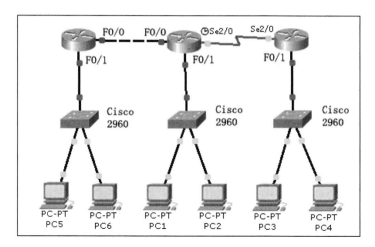

图 12-9　思考题（2）的拓扑图

12.5　实验报告

按照实验报告的格式要求书写实验报告。

实验 13   开放最短路径优先（OSPF）实验

13.1   实验拓扑图

开放最短路径优先（OSPF）实验拓扑图如图 13-1 所示。

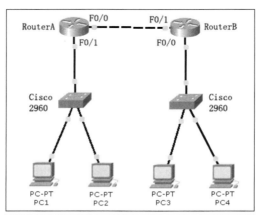

名称	接口	IP 地址	网关
Router A	F0/0	192.168.1.1/24	
	F0/1	172.1.1.1/24	
Router B	F0/0	172.2.2.1/24	
	F0/1	192.168.1.2/24	
PC1		172.1.1.2/24	172.1.1.1
PC2		172.1.1.3/24	172.1.1.1
PC3		172.2.2.2/24	172.2.2.1
PC4		172.2.2.2/24	172.2.2.1

图 13-1   实验拓扑图

13.2   实验要求

（1）路由器的基本配置：设置路由器接口 IP 地址。

（2）根据以上拓扑划分出的 3 个网段，要求配置 OSPF 路由使所有客户机都能相互通信。

13.3　实验步骤

路由器的基本配置：设置路由器接口 IP 地址。

（1）Router A 的基本配置如图 13-2 所示。

```
Router>en
Router#config t
Router(config)#no ip domain-look （关闭域名解释）
Router(config)#int f0/0
Router(config-if)#ip address 192.168.1.1 255.255.255.0
Router(config-if)#no shutdown　　（默认是shutdown）
Router(config-if)#exit
Router(config)#int f0/1
Router(config-if)#ip address 172.1.1.1 255.255.255.0
Router(config-if)#no shut
Router(config-if)#end
```

图 13-2　Router A 的基本配置

（2）Router B 的基本配置如图 13-3 所示。

```
Router>en
Router#config t
Router(config)#no ip domain-look （关闭域名解释）
Router(config)#int f0/0
Router(config-if)#ip address 172.2.2.1 255.255.255.0
Router(config-if)#no shutdown　　（默认是shutdown）
Router(config-if)#exit
Router(config)#int f0/1
Router(config-if)#ip address 192.168.1.2 255.255.255.0
Router(config-if)#no shut
Router(config-if)#end
```

图 13-3　Router B 的基本配置

（3）配置 OSPF 路由。

Router A 的 OSPF 配置如图 13-4 所示。

```
router>en
router#conf t
router(config)#router ospf 100
router(config-router)#net 172.1.1.0 0.0.0.255 area 0
router(config-router)#net 192.168.1.0 0.0.0.255 area 0
router(config-router)#end
```

图 13-4　Router A 的 OSPF 路由配置

说明：router ospf process-id1 ： OSPF 路由进程 process-id 必须指定范围在 1-65535 之间，多个 OSPF 进程可以在同一个路由器上配置，但最好不这样做。多个 OSPF 进程需要多个 OSPF 数据库的副本，必须运行多个最短路径优先算法的副本。process-id 只在路由器内部起作用，不同路由器的 process-id 可以不同。它是一个纯粹的本地化数值，没有什么实际的意思。

Router B 的 OSPF 路由配置如图 13-5 所示。

```
Router>en
Router#config t
Router(config)#router ospf 100
Router(config-router)#net 172.2.2.0 0.0.0.255 area 0
Router(config-router)#net 192.168.1.0 0.0.0.255 area 0
Router(config-router)#end
```

图 13-5　Router B 的 OSPF 路由配置

（4）查看配置。

在 Router A 中运行：show ip route 命令，会显示路由配置信息，如图 13-6 所示。

```
Router#show ip route
Codes: C - connected, S - static, I - IGRP, R - RIP, M - mobile, B - BGP
       D - EIGRP, EX - EIGRP external, O- OSPF, IA - OSPF inter area
       N1 - OSPF NSSA external type 1, N2 - OSPF NSSA external type 2
       i - IS-IS, L1 - IS-IS level-1, L2 - IS-IS level-2, * - candidate default
       U - per-user static route, o - ODR, P - periodic downloaded static route
       T - traffic engineered route

Gateway of last resort is not set

     172.1.0.0/24 is subnetted, 1 subnets
C       172.1.1.0 is directly connected, FastEthernet0/1
     172.2.0.0/24 is subnetted, 1 subnets
O       172.2.2.0 [110/74] via 192.168.1.2, 09:25:43, FastEthernet0/0
C       192.168.1.0/24 is directly connected, FastEthernet0/0
Router#
```

图 13-6　Router A 显示路由配置信息

其中，"O　172.2.2.0 [1/0] via 192.168.1.2　"是我们加上去的静态路由，如果没有显示这样的信息，说明没有把静态路由加载成功。图 13-6 中，C 为直连网络，S 为静态路由，R 为 RIP 协议，O 为 OSPF 协议。

在 Router B 运行 show ip route 命令，会显示路由信息，如图 13-7 所示。

```
Router#show ip route
Codes: C - connected, S - static, I - IGRP, R - RIP, M - mobile, B - BGP
       D - EIGRP, EX - EIGRP external, O- OSPF, IA - OSPF inter area
       N1 - OSPF NSSA external type 1, N2 - OSPF NSSA external type 2
       i - IS-IS, L1 - IS-IS level-1, L2 - IS-IS level-2, * - candidate default
       U - per-user static route, o - ODR, P - periodic downloaded static route
       T - traffic engineered route

Gateway of last resort is not set

     172.1.0.0/24 is subnetted, 1 subnets
O       172.1.1.0 [110/74] via 192.168.1.1, 09:25:43, FastEthernet0/1
     172.2.0.0/24 is subnetted, 1 subnets
C       172.2.2.0 is directly connected, FastEthernet0/0
C       192.168.1.0/24 is directly connected, FastEthernet0/1
Router#
```

图 13-7　Router B 显示路由配置信息

（5）接下来测试一下 PC1，PC2，PC3，PC4 都能互相 Ping 通，这样就达到实验要求了。

（6）最后值得注意的是，如果一个网络中存在多个路由器时，在进行静态路由设置之后，一般要设置默认路由。当路由器不知道分组的目的网络的时候，路由器就会把分组转发到该接口。配置默认路由和静态路由格式一样，只是目的网络和子网源码都为全"0"。命令如下：

Router(config)# ip route 0.0.0.0 0.0.0.0 192.168.1.2

13.4　思考题

（1）如果拓扑图如图 13-8 所示，应该如何配置才能使所有 PC 机相互通信？

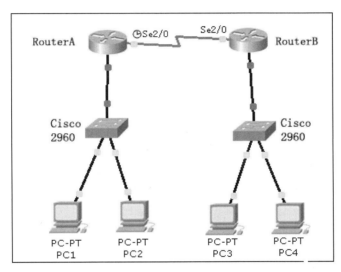

图 13-8　思考题（1）的拓扑图

提示：当两个路由器之间用串口相连时，必须设置其中一个路由器相连的接口为 DCE，另一个路由器的接口为 DTE。DCE 的接口必须先要设置时钟频率，操作如下：

Router(config-if)#clock rate 64000

（2）如果是三个路由器组成的拓扑图（如图 13-9 所示），应该如何配置才能使所有 PC 机相互通信？

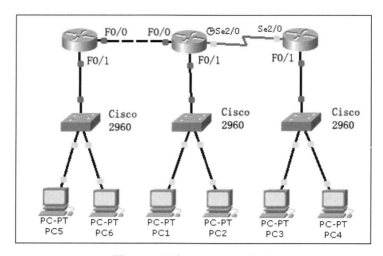

图 13-9　思考题（2）的拓扑图

13.5　实验报告

按照实验报告的格式要求书写实验报告。

实验 14 访问控制列表（ACL）实验

14.1 实验拓扑图

访问控制列表（ACL）的实验拓扑图如图 14-1 所示。

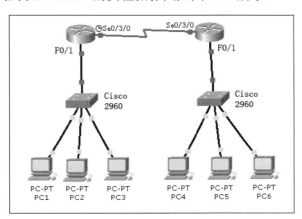

名称	接口	IP 地址	网关
Router A	Se0/3/0	192.168.1.1/24	
	F0/1	172.1.1.1/24	
Router B	F0/1	172.2.2.1/24	
	Se0/3/0	192.168.1.2/24	
PC1		172.1.1.2/24	172.1.1.1
PC2		172.1.1.3/24	172.1.1.1
PC3		172.1.1.4/24	172.1.1.1
PC4		172.2.2.2/24	172.2.2.1
PC5		172.2.2.3/24	172.2.2.1
PC6		172.2.2.4/24	172.2.2.1

图 14-1 实验拓扑图

14.2 实验要求

（1）ACL 能正常工作的前提是所有主机都能 Ping 通。

（2）路由器的基本配置：设置路由器接口 IP 地址；配置 RIP 路由。

（3）根据以上拓扑划分出的两个网段，要求禁止主机 PC6 访问 172.1.1.0/24 网段。

14.3　实验步骤

（1）设置路由器接口 IP 地址。

Router A 的接口 IP 地址配置如图 14-2 所示。

```
Router>en
Router#config t
Router(config)#int f0/1
Router(config-if)#ip address 172.1.1.1 255.255.255.0
Router(config-if)#no shut
Router(config-if)#exit
Router(config)#int s0/3/0
Router(config-if)#ip add 192.168.1.1 255.255.255.0
Router(config-if)#clock rate 64000
Router(config-if)#no shut
Router(config-if)#end
```

图 14-2　Router A 的接口 IP 地址配置

Router B 的接口 IP 地址配置如图 14-3 所示。

```
Router>en
Router#config t
Router(config)#int f0/1
Router(config-if)#ip address 172.2.2.1 255.255.255.0
Router(config-if)#no shut
Router(config-if)#exit
Router(config)#int s0/3/0
Router(config-if)#ip add 192.168.1.2 255.255.255.0
Router(config-if)#no shut
Router(config-if)#end
```

图 14-3　Router B 的接口 IP 地址配置

（2）配置 RIP 路由。

Router A 的 RIP 路由配置如图 14-4 所示。

```
router>ena
router#conf t
router(config)#router rip
router(config-router)#network 192.168.1.0
router(config-router)#network 172.1.1.0
router(config-router)#end
```

图 14-4　Router A 的 RIP 路由配置

Router B 的 RIP 路由配置如图 14-5 所示。

```
router>ena
router#conf t
router(config)#router rip
router(config-router)#network 192.168.1.0
router(config-router)#network 172.2.2.0
router(config-router)#end
```

图 14-5 Router B 的 RIP 路由配置

（3）接下来测试一下 PC1，PC2，PC3，PC4，PC5，PC6 是否都能互相 Ping 通，如果都能互通我们再做下面的步骤。

（4）标准访问控制列表：要求禁止主机 PC6 访问 172.1.1.0/24 网段。

对 Router A 进行 ACL 配置，如图 14-6 所示。

```
router>enable
router#conf t
router(config)#access-list 1 deny 172.2.2.4 0.0.0.0
router(config)#access-list 1 permit any
router(config)#int f0/1
router(config-if)#ip access-group 1 out
router(config-if)#end
```

图 14-6 Router A 的 ACL 配置

查看配置（如图 14-7 所示），试比较每条 ACL 的命令，且分别说出它们的区别。

```
Router#show access-lists 1
Standard IP access list 1
    deny host 172.2.2.4 (4 match(es))
    permit any (4 match(es))
Router#
```

图 14-7 查看配置

（5）测试。用主机 PC6 去 Ping 172.1.1.0/24 网段，如果主机 PC6 不能 Ping 通的主机，而其他主机可以 Ping 通，则实验成功。

（6）删除 ACL。router(config)#no access-list 1

注意：在删除一个 ACL 之前，要先查看该 ACL 应用在哪个接口的哪个方向上，先清除应用之后再做删除。

Router(config-if)#no ip access-group 1 out

14.4 思考题

（1）如果是三个路由器组成的拓扑图（如图 14-8 所示），应该如何配置才能使所有 PC 机相互通信？

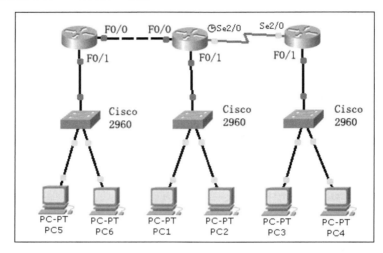

图 14-8 思考题（1）的拓扑图

PC5 和 PC6 属于 172.1.1.0/24 网段；PC1 和 PC2 属于 172.2.2.0/24 网段；PC3 和 PC4 属于 172.3.3.0/24 网段。

要求禁止 172.3.3.0/24 网段上的所有用户访问 172.1.1.0/24 网段，应该如何配置标准 ACL 或者扩展 ACL？你可以用静态路由、RIP 路由或者 OSPF 路由配置，使它们都能互通，再配置访问控制列表。

如果要禁止 172.2.2.0/24 的网络对路由器 C 进行 telnet，应该如何配置扩展 ACL？

附：关于通配符的计算

如果 172.2.2.4/24 的主机需要在 ACL 中检查，通配符为 0.0.0.0；如果 172.3.3.0/24 的网段需要在 ACL 中检查，通配符为 0.0.0.255；如果 172.2.1.0～172.2.4.0 的网段之间的子网需要在 ACL 中检查，通配符为 0.0.3.255（因为该范围的最后一个地址是 172.2.4.255，第一个地址是 172.2.1.0，两者相减得到 0.0.3.255）。

扩展 ACL 的格式：access-list {100-199} {deny | permit} 协议 源地址 通配符掩码 目的地址 通配符掩码 eq {telnet | ftp | email}。

（2）当一个路由器上设置了扩展 ACL 允许其中一个网段访问 Internet，同时又设置了标准 ACL 禁止该网段访问 Internet。问：该网段到底能否访问 Internet？

14.5　实验报告

按照实验报告的格式要求书写实验报告。

实验 15　单臂路由实验

15.1　实验拓扑图

单臂路由实验拓扑图如图 15-1 所示。

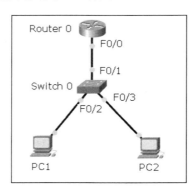

名称	接口	IP 地址	网关
Router 0	F0/0.1	192.168.1.1/24	
	F0/0.2	192.168.2.1/24	
PC1		192.168.1.2/24	192.168.1.1
PC2		192.168.2.2/24	192.168.2.1

图 15-1　实验拓扑图

15.2　实验要求

（1）掌握单臂路由原理。
（2）掌握单臂路由配置的基本命令。
（3）配置单臂路由实现 vlan 间通信。

15.3　实验步骤

（1）理解单臂路由原理。

　　单臂路由是为了节约接口而实现不同 vlan 间通信的一种技术，掌握单臂路由的关键在于子接口的配置。由于数据流经过 trunk 口的时候不会解封数据的 vlan 标签，而路由器的物理接口又不识别携带了 vlan 标签的数据帧，因此使用逻辑子接口，封装 dot1q 协议，比如：encapsulation dot1q 10。这样，子接口便能识别携带了 vlan10 标签的数据帧，然后路由器可以查路由表从封装了相应 dot1q 标签的子接口将数据转发出去，从而实现了不同 vlan 间的通信。

　　（2）Switch 0 的配置如图 15-2 所示。

```
Switch>enable
Switch#configure terminal
Switch(config)#vlan 10
Switch(config-vlan)#exit
Switch(config)#vlan 20
Switch(config-vlan)#exit
Switch(config)#interface f0/2
Switch(config-if)#switchport access vlan 10
Switch(config-if)#exit
Switch(config)#interface f0/3
Switch(config-if)#switchport access vlan 20
Switch(config-if)#exit
Switch(config)#int
Switch(config)#interface f0/1
Switch(config-if)#switchport mode trunk
Switch(config-if)#exit
```

图 15-2　Switch 0 的基本配置

　　（3）Router 0 的配置如图 15-3 所示。

```
Router>enable
Router#configure terminal
Router(config)#interface f0/0
Router(config-if)#no shut
Router(config-if)#exit
Router(config)#interface f0/0.1
Router(config-subif)#encapsulation dot1Q 10
Router(config-subif)#ip address 192.168.1.1 255.255.255.0
Router(config-subif)#exit
Router(config)#interface f0/0.2
Router(config-subif)#encapsulation dot1Q 20
Router(config-subif)#ip address 192.168.2.1 255.255.255.0
Router(config-subif)#end
```

图 15-3　Router 0 的配置

　　（4）查看路由器的路由配置，在 Router 0 中运行 show ip route 命令，会显示路由配置信息，如图 15-4 所示。

　　（5）测试 PC1 和 PC2 都能互相 Ping 通，这样就达到实验要求了。

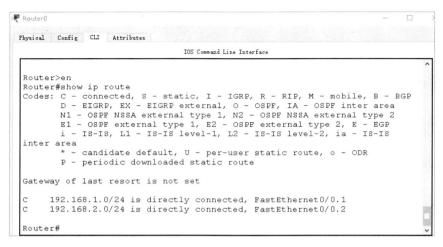

图 15-4　路由信息

15.4　思考题

（1）如果物理接口连接多个子接口，子接口的带宽会如何变化？
（2）如果拓扑图如图 15-5 所示，应该如何配置才能使所有 PC 机相互通信？

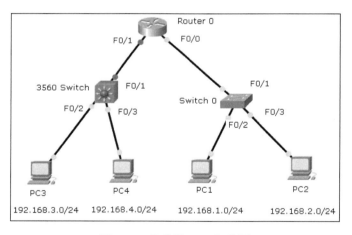

图 15-5　思考题（2）拓扑图

15.5　实验报告

按照实验报告的格式要求书写实验报告。

实验 16　PPP 配置实验

16.1　实验拓扑图

单臂路由实验拓扑图如图 16-1 所示。

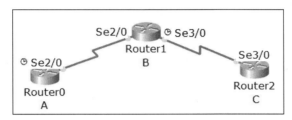

名称	接口	IP 地址
Router0	Se2/0	192.168.1.1/24
Router1	Se2/0	192.168.1.2/24
	Se3/0	192.168.2.1/24
Router2	Se3/0	192.168.2.2/24

图 16-1　实验拓扑图

16.2　实验要求

（1）掌握 PPP 的基本配置步骤和方法。
（2）掌握 PAP，CHAP 的基本配置步骤和方法。
（3）掌握对 PAP，CHAP 进行诊断的基本方法。

16.3　实验步骤

（1）Router 0 的基本配置如图 16-2 所示。

```
Router>en
Router#conf t
Router(config)#hostname A
A(config)#interface S2/0
A(config-if)#ip address 192.168.1.1 255.255.255.252
A(config-if)#clock rate 64000
A(config-if)#no shutdown
```

图 16-2 Router 0 的基本配置

（2）Router 1 的基本配置如图 16-3 所示。

```
Router>en
Router#conf t
Router(config)#hostname B
B(config)#interface S2/0
B(config-if)#ip address 192.168.1.2 255.255.255.252
B(config-if)#no shutdown
B(config)#interface Serial3/0
B(config-if)#ip address 192.168.2.1 255.255.255.252
B(config-if)#clock rate 64000
B(config-if)#no shutdown
```

图 16-3 Router 1 的基本配置

（3）Router 2 的基本配置如图 16-4 所示。

```
Router>en
Router#conf t
Router(config)#hostname C
C(config)#interface Serial3/0
C(config-if)#ip address 192.168.2.2 255.255.255.252
C(config-if)#no shutdown
```

图 16-4 Router 2 的基本配置

（4）在 Router 1 上执行 Ping 192.168.1.1 和 Ping 192.168.2.2，验证都能 Ping 通，如图 16-5 所示。

```
B#ping 192.168.1.1

Type escape sequence to abort.
Sending 5, 100-byte ICMP Echos to 192.168.1.1,
timeout is 2 seconds:
!!!!!
Success rate is 100 percent (5/5), round-trip
min/avg/max = 1/5/11 ms

B#ping 192.168.2.2

Type escape sequence to abort.
Sending 5, 100-byte ICMP Echos to 192.168.2.2,
timeout is 2 seconds:
!!!!!
Success rate is 100 percent (5/5), round-trip
min/avg/max = 1/8/13 ms
```

图 16-5 都能 Ping 通

（5）在 Router 1 上执行 show interfaces s2/0 命令查看串行接口封装的

协议，如图 16-6 所示。Router 0 和 Router 2 可以通过同样的方法查看串行
接口封装的协议，这里不再详细介绍。

```
B#show interfaces s2/0
Serial2/0 is down, line protocol is down (disabled)
  Hardware is HD64570
  Internet address is 192.168.1.2/30
  MTU 1500 bytes, BW 128 Kbit, DLY 20000 usec,
    reliability 255/255, txload 1/255, rxload 1/255
  Encapsulation HDLC, loopback not set, keepalive set (10 sec)
```

图 16-6　串行接口封装的协议

（6）在 Router 0 配置接口封装为 PPP 并且配置 PAP 认证，如图 16-7
所示。

```
A>en
A#conf t
A(config)#username B password 123456
A(config)#interface s2/0
A(config-if)#encapsulation ppp
A(config-if)#ppp authentication pap
A(config-if)#ppp pap sent-username A password 123456
```

图 16-7　配置接口封装为 PPP 和配置 PAP 认证

（7）在 Router 0 上执行 Ping 192.168.1.2，验证发现无法 Ping 通，如
图 16-8 所示。

```
A#ping 192.168.1.2

Type escape sequence to abort.
Sending 5, 100-byte ICMP Echos to 192.168.1.2, timeout
is 2 seconds:
.....
Success rate is 0 percent (0/5)
```

图 16-8　Ping 不通 192.168.1.2

（8）在 Router 1 配置接口封装为 PPP 并且配置 PAP，CHAP 认证，
如图 16-9 所示。

```
B>en
B#conf t
B(config)#username A password 123456
B(config)#username C password 123456
B(config)#interface serial 2/0
B(config-if)#encapsulation ppp
B(config-if)#ppp authentication pap
B(config-if)#ppp pap sent-username B password 123456
B(config)#int s3/0
B(config-if)#encapsulation ppp
B(config-if)#ppp authentication chap
```

图 16-9　配置接口封装为 PPP 和配置 PAP，CHAP 认证

（9）在 Router 2 配置接口封装为 PPP 并且配置 CHAP 认证，如图 16-10 所示。

```
C>en
C#conf t
C(config)#username B password 123456
C(config)#interface s3/0
C(config-if)#encapsulation ppp
C(config-if)#ppp authentication chap
```

图 16-10　配置接口

（10）在 Router 1 上执行 Ping 192.168.1.1 和 Ping 192.168.2.2，如果验证都能 Ping 通，则说明实验成功，如图 16-11 所示。

```
B#ping 192.168.1.1

Type escape sequence to abort.
Sending 5, 100-byte ICMP Echos to 192.168.1.1,
timeout is 2 seconds:
!!!!!
Success rate is 100 percent (5/5), round-trip
min/avg/max = 1/1/2 ms

B#ping 192.168.2.2

Type escape sequence to abort.
Sending 5, 100-byte ICMP Echos to 192.168.2.2,
timeout is 2 seconds:
!!!!!
Success rate is 100 percent (5/5), round-trip
min/avg/max = 1/6/14 ms
```

图 16-11　测试 Ping 通

（11）利用 debug ppp authentication 命令进行诊断，观察终端输出。例如在 Router 1 上执行 debug ppp authentication，如图 16-12 所示。

```
B#debug ppp authentication
PPP authentication debugging is on
```

图 16-12　利用 debug 命令进行诊断

16.4　思考题

（1）PPP 的两种认证方式 PAP 与 CHAP 的认证过程有何区别？

（2）如果拓扑图如图 16-13 所示，应该如何配置才能使 PC0 和 PC1 相互通信？

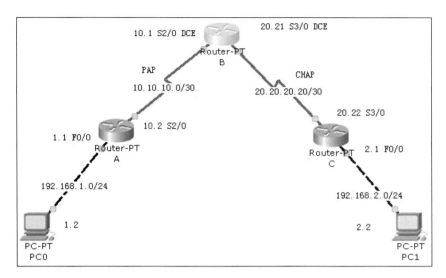

图 16-13　思考题（2）拓扑图

16.5　实验报告

按照实验报告的格式要求书写实验报告。

实验 17 配置无线网实验

17.1 实验拓扑图

实验拓扑图如图 17-1 所示。

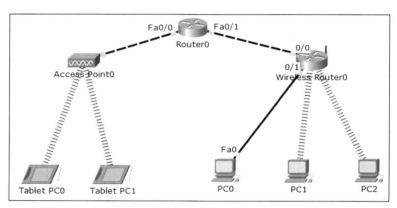

名称	接口	IP 地址	网关地址
Router0	Fa0/0	210.10.10.1/24	
	Fa0/1	220.10.10.1/24	
Tablet PC0		210.10.10.11/24	210.10.10.1/24
Tablet PC1		210.10.10.12/24	210.10.10.1/24
Wireless	Internet	220.10.10.2/24	
Router0	LAN	192.168.0.1/24	
PC0	0/1	192.168.0.10/24	192.168.0.1/24
PC1		192.168.0.11/24	192.168.0.1/24
PC2		192.168.0.12/24	192.168.0.1/24

图 17-1 实验拓扑图

17.2 实验要求

（1）掌握无线 AP 的配置要点。
（2）掌握无线宽带路由器的配置要点。
（3）掌握 SSID 的概念。

17.3　实验步骤

1. 给 PC1，PC2 加上无线网卡。

（1）以 PC1 为例，先要关闭计算机电源，如图 17-2 所示，单击红色按钮，指示灯会关闭。

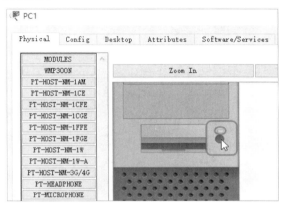

图 17-2　关闭计算机电源

（2）移去计算机中的有线网卡，按箭头方向拖动，如图 17-3 所示。

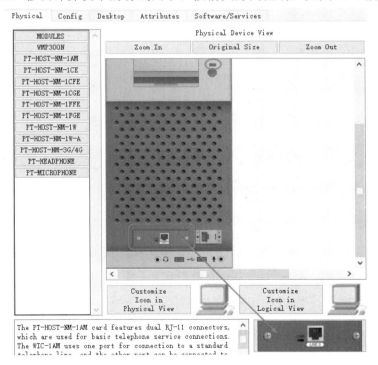

图 17-3　移去计算机中的有线网卡

（3）添加无线网卡，再打开计算机电源，如图 17-4 所示。

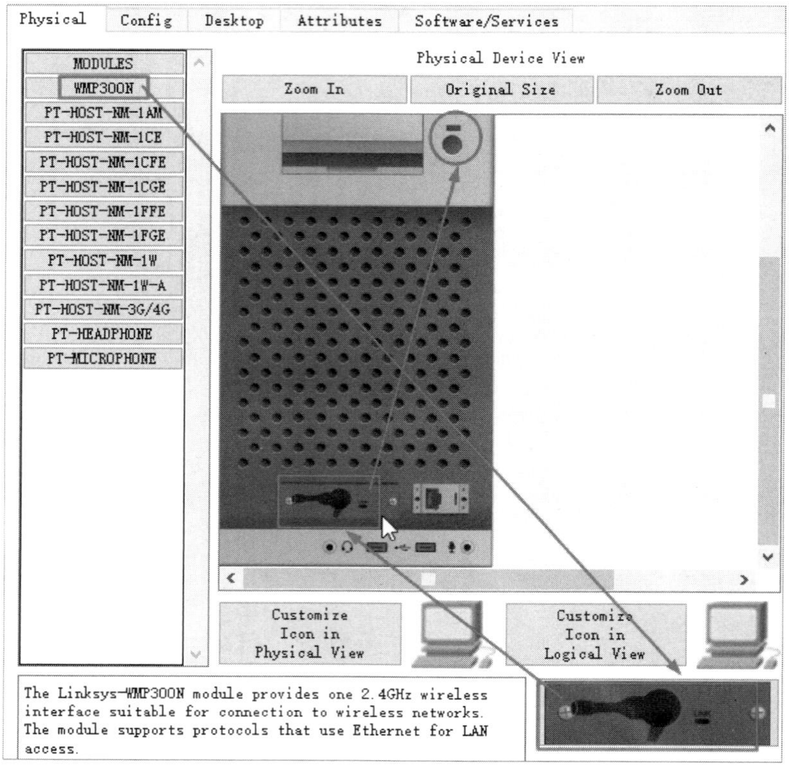

图 17-4　添加无线网卡

2. 配置路由器 Router0。

Router0 的基本配置如图 17-5 所示。

```
Router>en
Router#config t
Router(config)#interface f0/0
Router(config-if)#ip address 210.10.10.1 255.255.255.0
Router(config-if)#no shut
Router(config)#interface f0/1
Router(config-if)#ip address 220.10.10.1 255.255.255.0
Router(config-if)#no shut
```

图 17-5　Router0 的基本配置

3. 在 Access Point0，Tablet PC0 和 Tablet PC1 上配置同样 SSID=
"ipdata"，确保 Tablet PC0 和 Tablet PC1 能够与 Access Point0 建立正
确无线连接。

（1）单击无线设备 Access Point0，选择"Config"选项卡，选择"Port 1"
项，在"SSID"中填写"ipdata"，如图 17-6 所示。

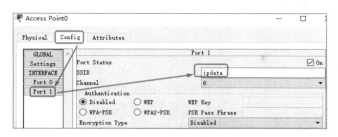

图 17-6 Access Point0 的 SSID

（2）单击无线设备 Tablet PC0，选择"Config"选项卡，选择"Wireless0"项，在"SSID"中填写"ipdata"，IP 地址设置为静态地址 210.10.10.11，如图 17-7 所示。

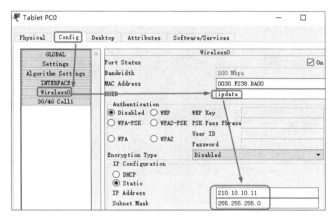

图 17-7 Tablet PC0 的 SSID

（3）单击无线设备 Tablet PC1，选择"Config"选项卡，选择"Wireless0"项，在"SSID"中填写"ipdata"，IP 地址设置为静态地址 210.10.10.12，如图 17-8 所示。

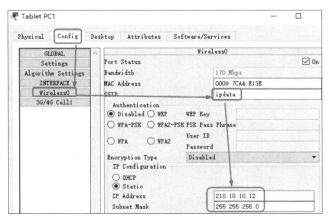

图 17-8 Tablet PC1 的 SSID

（4）Tablet PC0 测试访问 Access Point0 和 Tablet PC1，发现结果都能 Ping 通，如图 17-9 所示。

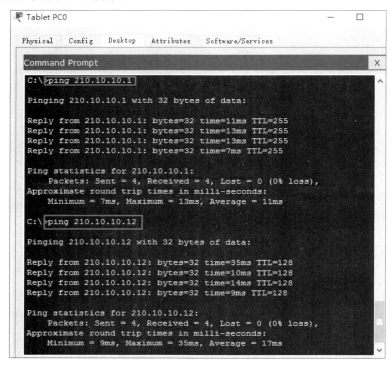

图 17-9　测试 Ping

4. 在无线宽带路由器(Wireless Router0)，PC1，PC2 配置同样 SSID="CCNA"，确保 PC1，PC2 能够与无线宽带路由器（Wireless Router0）建立正确无线连接。

（1）单击无线宽带路由器（Wireless Router0），选择"Config"选项卡，选择"Wireless"项，在"SSID"中填写"CCNA"，如图 17-10 所示。

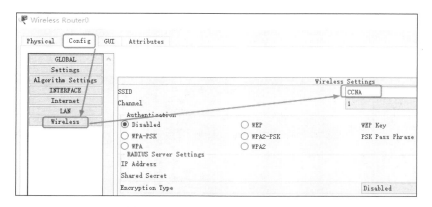

图 17-10　Wireless Router0 的 SSID

（2）单击 PC1，选择"Config"选项卡，选择"Wireless0"项，在"SSID"框中填写"CCNA"，如图 17-11 所示。

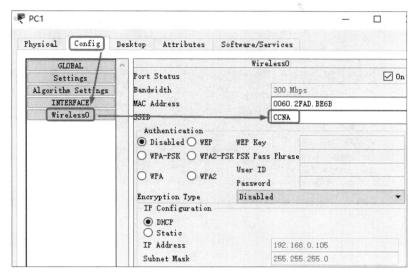

图 17-11　PC1 的 SSID

（3）单击 PC2，选择"Config"选项卡，选择"Wireless0"项，在"SSID"框中填写"CCNA"，如图 17-12 所示。

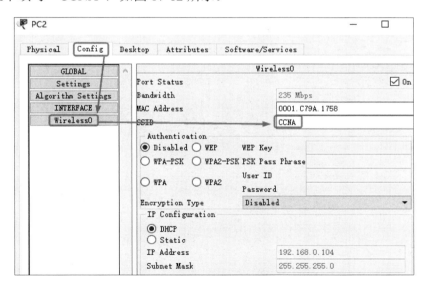

图 17-12　PC2 的 SSID

（4）在 PC2 上测试 Ping Tablet PC1，如果能 Ping 通，说明实验成功，如图 17-13 所示。

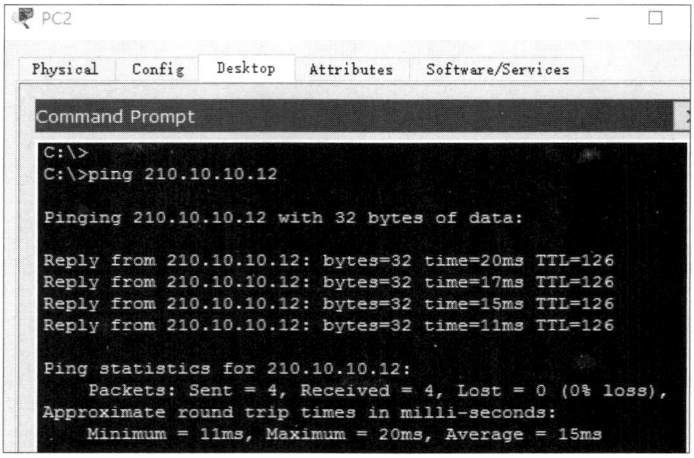

图 17-13　PC2 能 Ping 通 Tablet PC1

17.4　思考题

（1）Access Point0 和 Wireless Router0 的区别？
（2）SSID 的定义？
（3）在 PC0 上如何使用浏览器配置 Wireless Router0？
（4）Ping Tablet PC1 能 Ping 通 PC2 吗？请解释原因。

17.5　实验报告

按照实验报告的格式要求书写实验报告。

实验 18 Web，FTP 服务器的配置

18.1 实验目的

（1）掌握默认 Web 站点的设置和使用。
（2）掌握如何添加新的 Web 站点及虚拟目录的设置和使用。
（3）掌握默认 FTP（文件传输协议）站点的设置和规划。
（4）掌握 FTP 站点的设置和使用。

18.2 实验步骤

1. 安装 Web 服务器角色和功能

（1）在"服务器管理器"主窗口的"角色摘要"下，单击"添加角色"
按钮。
（2）在"添加角色和功能向导"中，单击"下一步"按钮。
（3）在服务器"角色"列表中，选择"Web 服务器(IIS)"选项，如图
18-1 所示，再单击"下一步"按钮。

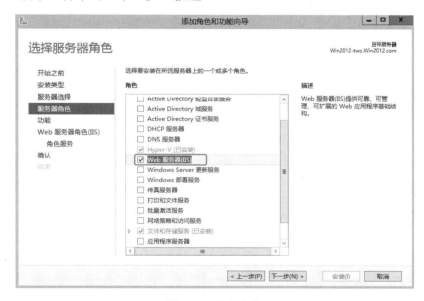

图 18-1 选择角色

（4）在"功能"选项卡中，直接单击"下一步"按钮。

（5）在"Web 服务器角色(IIS)"选项卡中，直接单击"下一步"按钮。

（6）在"角色服务"选项卡中，选择默认选项并单击"下一步"按钮，如图 18-2 所示。

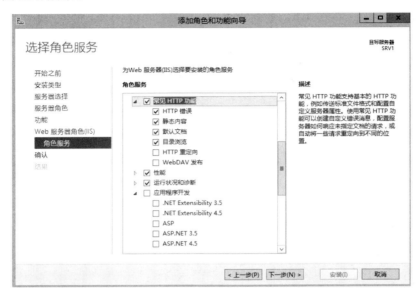

图 18-2　角色服务

（7）在"确认"选项卡中，单击"安装"按钮，安装完成后单击"关闭"按钮。

2．网站的发布

（1）将网站内容复制到 Web 服务器。在本任务中将网站放置在"D:\测试网站"目录中。网站的内容用自己新建的文件来代替，网站的首页为"index.htm"。网站目录与首页的内容如图 18-3 所示。

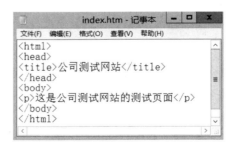

（a）网站目录　　　　　　　　（b）文件内容

图 18-3　测试网站目录及 index.htm 文件内容

（2）在"服务器管理器"主窗口中，单击"工具"按钮→"Internet

信息服务(IIS)管理器"命令，打开"Internet Information Services(IIS)管理器"主窗口，如图 18-4 所示。

图 18-4 IIS 管理器

在安装完 Web 服务器角色与功能后，IIS 会默认加载一个"Default Web Site"站点，该站点用于测试 IIS 是否正常工作。此时用户打开这台 Web 服务器的浏览器，并访问"http://localhost"，如果 IIS 正常工作，则可以打开如图 18-5 所示的网页。

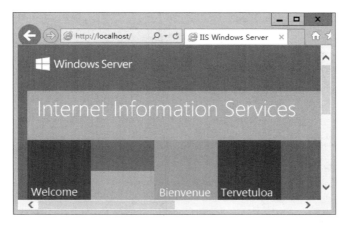

图 18-5 IIS 默认站点的访问

（3）由于该默认站点与本任务的后续操作会产生冲突，冲突原因我们在后续任务中进行介绍，这里我们先关闭该站点。用鼠标右击"Default Web Site"站点，在出现的右键菜单中选择"管理网站"→"停止"命令，暂时关闭该站点，如图 18-6 所示。

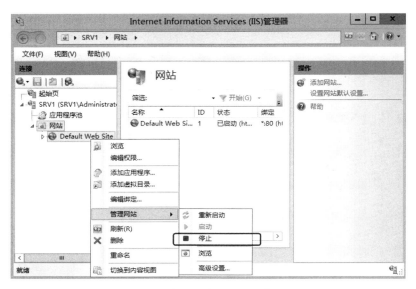

图 18-6　默认站点的停止操作界面

（4）单击网站管理界面右侧的"添加网站"链接来添加网站，如图 18-7 所示。

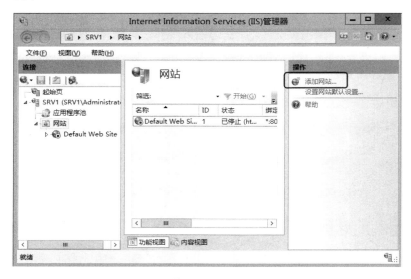

图 18-7　单击"添加网站"链接

（5）在"添加网站"界面中，输入网站名称、物理路径，其他选项按默认设置，如图 18-8 所示。单击"确定"按钮时，会弹出提示警告，单击"确定"按钮完成网站创建。

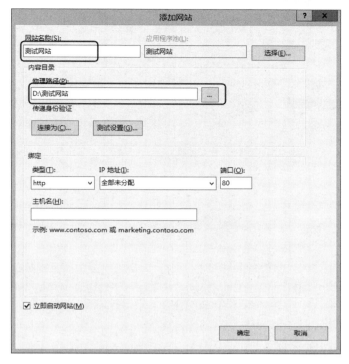

图 18-8 添加网站

实验验证

在公司内部任何一台客户机上，使用 IE 浏览器访问网址："http://192.168.1.1"，结果如图 18-9 所示。

图 18-9 使用 IE 浏览器访问网站

3. "FTP 服务器"角色的安装

（1）单击"服务器管理器"主窗口的"添加角色和功能"快捷方式，在"安装类型"对话框中选择"基于角色或基于功能的安装"选项，单击"下一步"按钮。

（2）在"服务器选择"选项卡中选择服务器本身，单击"下一步"按钮。

（3）在"服务器角色"选项卡中，选择"Web 服务器(IIS)"（FTP 服务是"Web 服务器(IIS)"的服务之一），如图 18-10 所示。再单击"下一步"按钮。

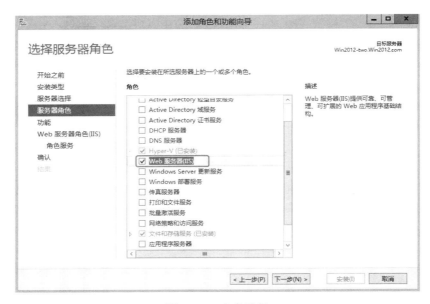

图 18-10　角色选择

（4）在"功能"选项卡中，直接单击"下一步"按钮。

（5）在"Web 服务器(IIS)"选项卡中，直接单击"下一步"按钮。

（6）在"角色服务"选项卡中，选择"FTP 服务"和"FTP 扩展"两个服务，如图 18-11 所示，再单击"下一步"按钮。

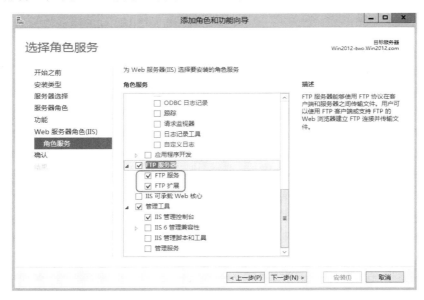

图 18-11　角色服务

（7）在"确认"选项卡中单击"安装"按钮，安装完成后单击"关闭"按钮，完成安装。

4．添加 FTP 站点的安装

（1）在"服务器管理器"主窗口中，单击"工具"→"Internet 信息服务(IIS)管理器"命令，打开"Internet 信息服务(IIS)管理器"主窗口。展开主窗口左边的"网站"选项，在右侧快捷操作中选择"添加 FTP 站点…"选项，如图 18-12 所示。

图 18-12　Internet 信息服务（IIS）管理器

（2）在"添加 FTP 站点"向导中，在"FTP 站点名称"中输入"文档中心"，如图 18-13 所示。然后单击"下一步"按钮。

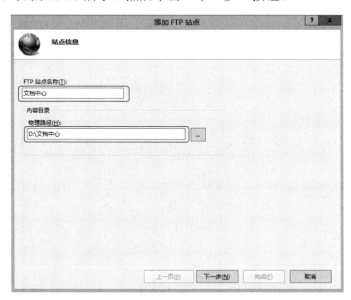

图 18-13　站点信息

（3）在"绑定和 SSL 设置"界面中，选择"无 SSL"单选按钮，如

图 18-14 所示，再单击"下一步"按钮。

图 18-14　绑定和 SSL 设置

SSL（Secure Sockets Layer）是指为网络通信提供安全及数据完整性的一种安全协议，允许用户通过安全方式（如数字证书）访问 FTP 站点，如果采用 SSL 方式，则需要预先准备安全证书。

（4）在"身份验证"区中选中"匿名"和"基本"复选框，在"授权"区中选中权限的"读取"和"写入"复选框，在"允许访问"下拉列表中选择"所有用户"选项，如图 18-15 所示。最后单击"完成"按钮，完成 FTP 站点的添加。

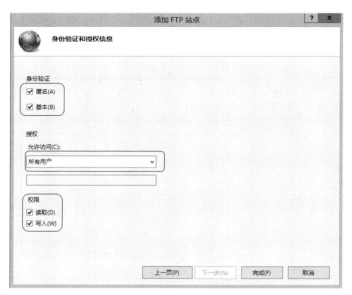

图 18-15　身份验证和授权信息

"身份验证"区用于设置站点访问时是否需要输入用户名和密码："匿名"是指无须输入用户名和密码；而"基本"则指用户访问时需要输入账户和密码，仅身份验证通过才允许访问。

"授权"区中的"允许访问"下拉列表用于设置允许访问该站点的用户或用户组，并针对所选择的用户在下一个"权限"项目中配置权限。用户对站点有两种权限，"读取"是指可以查看、下载 FTP 站点的文件；"写入"则指可以上传、删除 FTP 站点的文件，还可以创建和删除子目录。

（5）客户端访问 FTP 站点

在客户端打开 IE 浏览器，在地址栏输入 FTP 服务器的 IP，例如 ftp://192.168.1.1，则能够访问到 FTP 站点。可以像使用 Windows 资源管理器一样，利用文件的复制和粘贴功能实现文件下载和上传。除了利用 IE 浏览器以外，在客户端还可以使用 FTP 软件（例如，LeapFTP，CuteFTP 和 FlashFXP 等）进行文件下载和上传，当然也可以用 DOS 命令进行文件下载和上传。在客户端计算机上打开 DOS 窗口，输入命令 ftp 192.168.1.1。

● 在弹出画面输入用户名"anonymous"，密码为"空"，连接到 FTP 服务器。
● dir 命令，用来显示 FTP 服务器有哪些文件可供下载。
● get 命令，用来从服务器端下载一个文件。
● put 命令，用来向 FTP 服务器端上传一个文件。
● bye 命令，用来退出 FTP 连接。

18.3　思考题

（1）如果在同一台 Web 服务器，要建立多个站点，有什么方法可以实现呢？请通过实验进行调试。Web 服务器的虚拟目录有什么作用呢？请新建立一个虚拟目录，通过实验掌握它的设置及使用。

（2）如果要禁止某个 IP 地址访问 FTP 服务器，应该如何设置呢？（实验的时候可以根据自己的网络结构任意指定一个 IP 地址，或者让老师指定一个 IP 地址。）

（3）如果要禁止某一段 IP 地址访问 FTP 服务器，应该如何设置呢？实验的时候老师可以根据实际的网络结构指定一段 IP 地址。（提示：和子网掩码有关系）

（4）FTP 服务器的虚拟目录有什么作用呢？请新建立一个虚拟目录，通过实验掌握它的设置及使用。

强调几个注意点：

（1）服务器必须要有静态 IP 地址。

（2）当安装好 IIS 后，在 IE 浏览器的 URL 地址栏输入 http://localhost，验证是否安装成功。

（3）创建网页，用"记事本"工具编辑格式要正确，如<html>…</html>，保存文件后缀名为.html 或者.asp 到主目录或虚拟目录上。

18.4　实验报告

按照实验报告的格式要求书写实验报告。

实验 19　DNS 服务器的配置

19.1　实验目的

（1）掌握域名系统（DNS）服务器的配置使用。

（2）理解主机地址资源（A）和指针记录（PTR），及正向搜索区域和反向搜索区域。

（3）掌握与 Web 服务器、FTP 服务器一起使用 DNS 服务器的配置。

19.2　实验步骤

1. 安装 DNS 服务器

将 IP 为 192.168.1.1 的服务器配置为 DNS 服务器，具体步骤如下：

（1）在"服务器管理器"主窗口下，单击"添加角色和功能"选项。

（2）在出现的"添加角色和功能向导"窗口中，单击"下一步"按钮。

（3）在"选择安装类型"中选择"基于角色或基于功能的安装"选项，然后单击"下一步"按钮。

（4）在"选择目标服务器"中单击"下一步"按钮。

（5）在"服务器角色"选项卡下，选择"DNS 服务器"这个服务，并选取默认的配套服务和功能，单击"下一步"按钮，如图 19-1 所示。

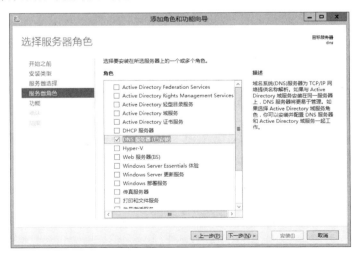

图 19-1　添加 DNS 角色选择

（6）在"选择功能"中单击"下一步"按钮。

（7）在"DNS 服务器"中单击"下一步"按钮。

（8）在"确认安装所选内容"界面中单击"安装"按钮。

2. 主要 DNS 服务器的配置

（1）打开 DNS 管理器，在"服务器管理器"主窗口下，单击"工具" → "DNS"命令，打开 DNS 管理器。

（2）在左边的控制台中，右键单击"正向查找区域"选项，在出现的快捷菜单中单击"新建区域"命令，如图 19-2 所示，打开新建区域向导。

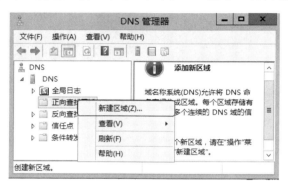

图 19-2　新建正向查找区域

（3）在出现的新建区域向导中，选择"主要区域"单选项，然后单击"下一步"按钮，如图 19-3 所示。

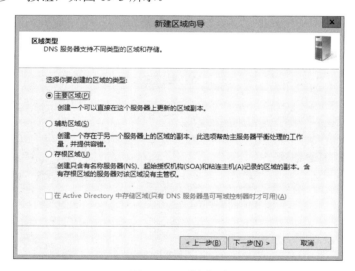

图 19-3　区域类型

（4）在接下来出现的区域名称对话框中，输入要新建的区域名称 network.com，如图 19-4 所示。

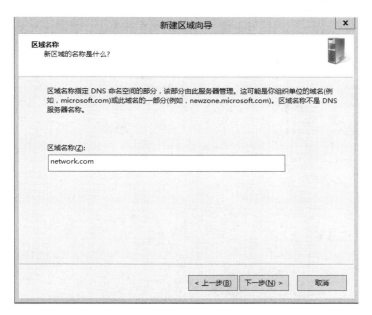

图 19-4 区域名称

（5）在 DNS 服务器中，每一个区域都会对应有一个文件，使用默认的文件名 network.com.dns。

（6）在接下来的动态更新对话窗口中，基于安全的考虑，选择"不允许动态更新"选项，单击"下一步"按钮完成新建，出现如图 19-5 所示的对话框，然后单击"完成"按钮。

图 19-5 完成新建

（7）在建立的 network.com 区域上单击鼠标右键，然后从出现的快捷菜单中选择"新建主机"命令，如图 19-6 所示。

图 19-6　新建主机记录

（8）在"新建主机"对话框中，在"名称"框中输入"www"，则完全限定的域名就是 www.network.com，在"IP 地址"框中输入 192.168.1.10，最后单击"添加主机"按钮完成主机记录的添加，如图 19-7 所示。

图 19-7　添加主机

（9）在建立的 network.com 区域上，单击鼠标右键，然后从出现的快捷菜单中选择"新建别名"命令，如图 19-8 所示。

图 19-8　新建别名记录

（10）在出现的"新建资源记录"对话框中，输入一个新的名称 web，在"目标主机的完全合格的域名（FQDN）"一栏中输入 www.network.com（也可以通过单击"浏览"按钮，查找到想要建立别名的主机），然后单击"确定"按钮完成别名记录的添加，如图 19-9 所示。完成后，web.network.com 和 www.network.com 就对应到了同一 IP 地址。

图 19-9　添加别名记录

3. DNS 客户端设置。

（1）在客户机网卡的 TCP/IP 选项中，配置 DNS 地址指向主 DNS 服务器 IP 地址，结果如图 19-10 所示。

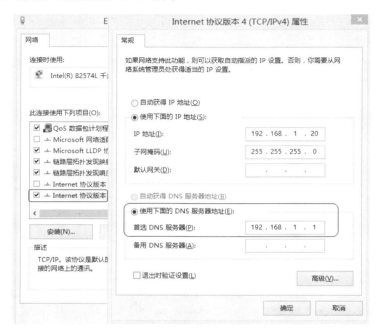

图 19-10 客户机 DNS 的配置

（2）测试 DNS 服务器

DNS 的测试通常通过 ping, nslookup, ipconfig/displaydns 命令进行。

1）ping

在客户机上打开命令行工具，通过 ping 命令测试域名是否能正常解析，如图 19-11 所示，可见域名 www.network.com 已经正确解析为 IP：192.168.1.10 。

图 19-11 DNS 的 ping 测试

2）nslookup

更为专业的测试命令是 nslookup，在命令行窗口中输入 nslookup web. network.com，可以看到服务器的返回结果，如图 19-12 所示，web.network.com 对应的 IP 为 192.168.1.10，并且 web.network.com 是 www.network.com 的别名。

图 19-12　DNS 的 nslookup 测试

3）ipconfig/displaydns

用 ping 命令测试各条域名解析结果后，可以输入 ipconfig/displaydns 命令查看客户机本地的 DNS 缓存记录，如图 19-13 所示。

图 19-13　通过 ipconfig 命令查看本地 DNS 缓存记录

19.3　思考题

（1）结合 Web 服务器配置 DNS 服务器。假设域名为：www.network.com，让它指向 Web 服务器的地址。如何配置才能通过域名访问站点？

（2）结合 FTP 服务器配置 DNS 服务器。假设域名为：ftp.network.com，让它指向 FTP 服务器的地址。如何配置才能通过域名访问 FTP？

19.4　实验报告

按照实验报告的格式要求书写实验报告。

实验 20　Windows 2012 AD 活动目录部署

20.1　实验目的

（1）掌握 Active Directory（活动目录）的安装。
（2）掌握域控制器的创建。
（3）掌握客户机加入域的方法。
（4）练习计算机账号的创建。
（5）练习用户账号的创建。

20.2　实验步骤

1. 添加 Active Directory 域服务角色和功能

1）Active Directory 服务器的 TCP/IP 配置

Active Directory 服务器必须使用静态 IP 地址（固定 IP），Active Directory 服务器的 IP 地址为：192.168.1.1/24，DNS 服务器设置为：127.0.0.1。打开服务器的本地连接，在本地连接的属性对话框中选择"Internet 协议版本 4（TCP/IPv4）"选项，并单击"属性"按钮，在弹出的配置界面中输入 IP 地址信息，结果如图 20-1 所示。

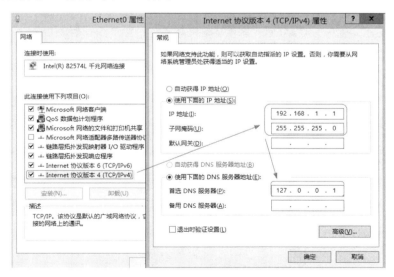

图 20-1　Active Directory 服务器 TCP/IP 的配置

2）"Active Directory 域服务"角色和功能的安装

（1）在"服务器管理器"的管理下拉式菜单中选择"添加角色和功能"选项，进入"添加角色和功能向导"界面。

（2）单击"下一步"按钮后出现另一个向导界面，在默认的"服务器选择"选项卡下，选择 192.168.1.1 服务器，并单击"下一步"按钮，如图 20-2 所示。

图 20-2　服务器选择界面

（3）在"服务器角色"选项卡下选中"Active Directory 域服务"复选框，如图 20-3 所示，然后单击"下一步"按钮进入"功能"界面。由于功能在刚刚弹出的对话框中已经自动添加了，因此这里保持默认设置，单击"下一步"按钮。

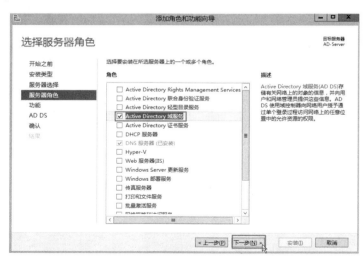

图 20-3　服务器角色界面

（4）在"确认"界面中单击"安装"按钮，等待一段时间后即可完成 Active Directory 服务器角色和功能的添加，结果如图 20-4 所示。

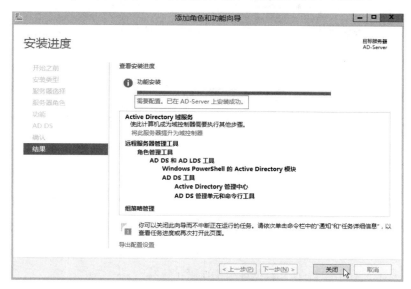

图 20-4　结果界面

2．创建域控制器

（1）在图 20-4 中单击"将此服务器提升为域控制器"选项，如图 20-5 所示。又或者单击"叹号小旗"，从出现的快捷菜单中单击"将此服务器提升为域控制器"选项，如图 20-6 所示。

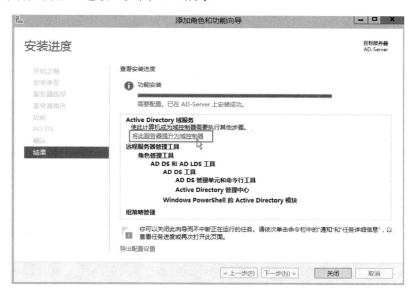

图 20-5　将此服务器提升为域控制器

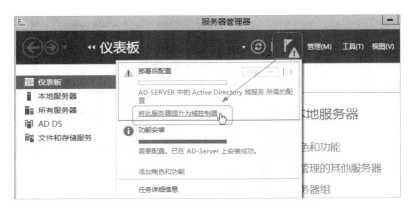

图 20-6　将此服务器提升为域控制器

（2）开始配置 AD 域服务器，选择"添加新林"选项，并定义根域名（尽量想好，定义后修改比较麻烦），这里域名定义为 test.com，单击"下一步"按钮，如图 20-7 所示。此林根域名不要与对外服务器的 DNS 名称相同，如对外服务的 DNS URL 为 http://www.test.com，则内部的林根域名就不能是 test.com，否则未来可能会有兼容问题。

图 20-7　添加新林

（3）选择林功能级别和域功能级别。此处我们选择的为 Windows Server 2012，此时域功能级别只能是 Windows Server 2012，如果选择其他林功能级别，还可以选择其他域功能级别。默认会直接在此服务器上安装 DNS 服务器，第一台域控制器必须是全局编录服务器的角色，第一台域控制器不可以是只读域控制器（RODC）（这个角色是 Windows 2008 时新出来的功能）。设置目录还原密码，目录还原模式是一个安全模式，可以开机进入安全模式时修复 AD 数据库，但是必须使用此密码，务必要记住，这里密码设置为 ABCabc123，单击"下一步"按钮（如图 20-8 所示）。

图 20-8 密码设置

（4）在出现的"DNS 选项"界面中，提示无法创建该 DNS 服务器的委派，此警告无须理会，如图 20-9 所示，单击"下一步"按钮。

图 20-9 DNS 选项

（5）在出现的"其他选项"界面中，NetBIOS 域名按默认即可，单击"下一步"按钮。

（6）在出现的"路径"界面中，数据库文件夹：用于存储 AD 数据库；日志文件文件夹：用于存储 AD 的更改记录，此记录可以用来修复 AD 数据库；SYSVOL 文件夹：用于存储域共享文件（例如组策略）。如图 20-10 所示，单击"下一步"按钮。

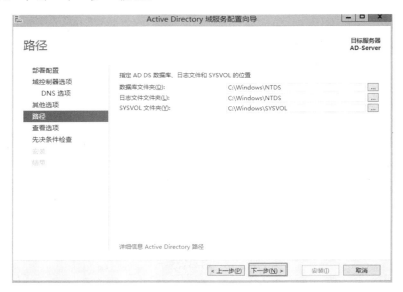

图 20-10　路径

（7）在"查看选项"界面中，单击"下一步"按钮。在出现的"先决条件检查"界面中，会显示"所有先决条件检查都成功通过，请单击'安装'开始安装"提示信息，单击"安装"按钮开始安装，如图 20-11 所示。

图 20-11　先决条件检查

（8）在系统重启后，登录的时候需要注意，这时的 AD-Server 已经是域控制器了，所以要用账号登录，通常格式是"域名"\administrator，如图 20-12 所示。

图 20-12　登录界面

（9）登录系统后，打开"服务器管理器"窗口，单击"工具（T）"菜单项，在出现的菜单中选择"Active Directory 用户和计算机"选项，如图 20-13 所示。

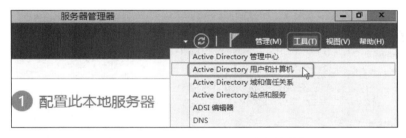

图 20-13　Active Directory 用户和计算机

（10）打开"Active Directory 用户和计算机"窗口，如图 20-14 所示，在这里可以创建计算机、联系人、用户等。

图 20-14　Active Directory 用户和计算机

（11）把客户机加入到域，客户机的 IP 地址和 DNS 设置如图 20-15 所示。

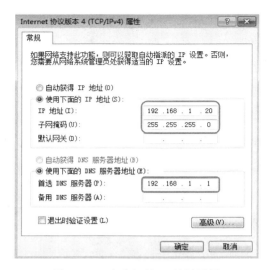

图 20-15　客户机的 IP 地址设置

（12）客户机需要能 Ping 通域服务，如果 Ping 不通，可能是域服务器的防火墙没有关闭，关闭防火墙即可。加入域的步骤如图 20-16 所示。

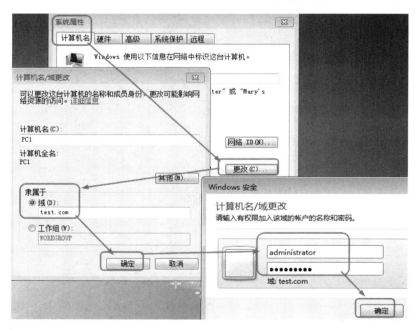

图 20-16　加入域的步骤

（13）在图 20-16 中单击"确定"按钮后，会出现"欢迎加入 test.com 域"提示框，如图 20-17 所示，单击"确定"按钮即可。

图 20-17   提示框

20.3   思考题

（1）Active Directory（活动目录）主要作用是什么？
（2）删除域控制器与域？

20.4   实验报告

按照实验报告的格式要求书写实验报告。

实验 21　DHCP 服务器的配置

21.1　实验目的

（1）了解动态主机配置协议（DHCP）工作原理。
（2）熟练配置 DHCP 服务器。
（3）了解 DHCP 服务器的优点。

21.2　实验步骤

1. 添加 DHCP 服务器角色和功能

1）DHCP 服务器的 TCP/IP 配置

DHCP 服务器必须使用静态 IP 地址（固定 IP），DHCP 服务器的 IP 地址为 192.168.1.1/24。打开服务器的本地连接，在本地连接的属性对话框中选择"Internet 协议版本 4（TCP/IPv4）"选项，并单击"属性"按钮，在弹出的配置界面中输入 IP 地址信息，结果如图 21-1 所示。

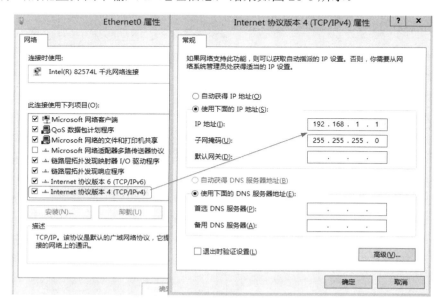

图 21-1　DHCP 服务器 TCP/IP 的配置

2）"DHCP 服务器"角色和功能的安装

（1）在"服务器管理器"的管理下拉式菜单中选择"添加角色和功能"选项，进入"添加角色和功能向导"界面。

（2）单击"下一步"按钮后进入"安装类型"选项卡（默认进入"服务器选择"界面），选择 192.168.1.1 服务器，并单击"下一步"按钮（如图 21-2 所示）。

图 21-2 服务器选择界面

（3）在"服务器角色"选项卡下选择"DHCP 服务器"复选框，如图 21-3 所示，单击"下一步"按钮进入"功能"界面。由于功能在刚刚弹出的对话框中已经自动添加了，因此这里保持默认选项，单击"下一步"按钮。

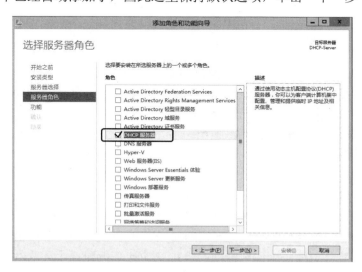

图 21-3 服务器角色界面

（4）在"确认"界面中单击"安装"按钮，等待一段时间后即可完成 DHCP 服务器角色和功能的添加，结果如图 21-4 所示。

图 21-4　结果界面

2. DHCP 作用域的配置

添加 DHCP 服务器角色和功能后，系统已经启动 DHCP 服务，但是 DHCP 服务器还无法工作，因为 DHCP 需要配置其可管理的 IP 地址及相关信息，而这些需要通过创建 DHCP 作用域来完成。

DHCP 作用域是为了便于管理而对子网上使用 DHCP 服务的计算机 IP 地址及其他网络配置参数进行的分组。一般而言，管理员首先会为每个物理子网创建一个作用域，然后使用此作用域定义客户端所用的网络配置参数。狭义地说，就是创建一个 IP 地址范围，以便为客户端分配本范围内的 IP 地址。作用域具有以下相关属性。

- 作用域名称：在创建作用域时指定的作用域标识。
- IP 地址的范围：可在其中包含要分配出去的 IP 地址范围和要排除（不分配给客户端）的 IP 地址范围。
- 子网掩码：用于确定给定 IP 地址范围的网络地址，也就是确定是哪个子网。
- 租用期：客户端租用 IP 地址等网络配置参数的时间。
- 作用域选项：除了 IP 地址、子网掩码及租用期以外的网络配置参数，如默认网关、DNS 服务器 IP 地址等。
- 保留：可以配置始终分配相同的 IP 地址（及其他网络配置参数）给某台主机，以便于给网络上指定的计算机配置永久的网络配置参数租用分配。

DHCP 服务器只能使用作用域中定义的 IP 地址来分配给 DHCP 客户端，因此，必须创建作用域才能让 DHCP 服务器分配 IP 地址给 DHCP 客户端。

在本任务中可分配的 IP 地址范围为 192.168.1.10 ~192.168.1.200。DHCP 作用域的新建步骤如下：

（1）在"任务管理器"中执行"工具"→"DHCP"命令，打开 DHCP 服务管理器。

（2）展开左侧的"DHCP"服务器，右击"IPv4"项，从出现的右键菜单中选择"新建作用域"命令，如图 21-5 所示。

图 21-5　选择新建作用域

（3）在打开的"新建作用域向导"中单击"下一步"按钮进入"作用域名称"界面，在"名称"中输入"DHCP Server"，单击"下一步"按钮（如图 21-6 所示）。

图 21-6　作用域名称界面

（4）在"IP 地址范围"界面中设置可以用于分配的 IP 地址，输入如图 21-7 所示的起始 IP 地址和子网掩码，然后单击"下一步"按钮。

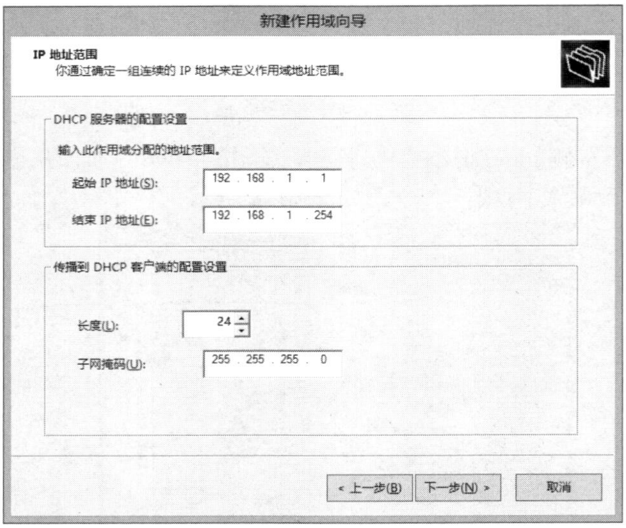

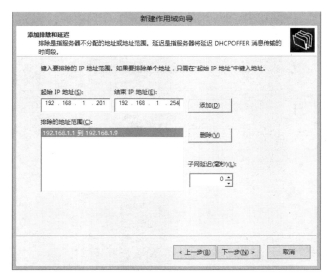

图 21-7   IP 地址范围界面

（5）在"添加排除和延迟"界面中，根据项目要求，本项目仅允许分配 192.168.1.10～192.168.1.200 地址段，因此需要将 192.168.1.1～192.168.1.9 和 192.168.1.201～192.168.1.254 两个地址段排除，添加排除后，单击"下一步"按钮（如图 21-8 所示）。

延迟是指服务器发送 DHCP Offer 消息传输的时间值，单位为毫秒，默认为 0。

图 21-8   添加排除和延迟界面

（6）在"租用期限"界面中，可以根据实际应用场景配置租用时间长短。

在本项目中因未说明 IP 地址和主机数量的关系，采用默认即可，并单击"下一步"按钮，如图 21-9 所示。

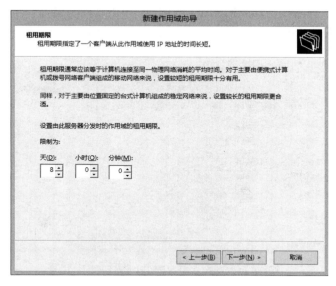

图 21-9　租用期限界面

（7）在"配置 DHCP 选项"界面中，选择"否，我想稍后配置这些选项"，并按向导完成作用域的配置，如图 21-10 所示。

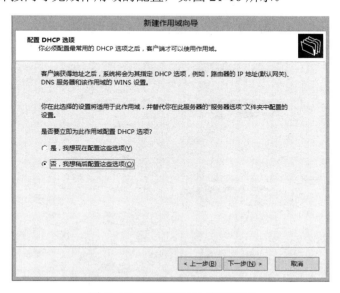

图 21-10　配置 DHCP 选项界面

（8）回到"DHCP 服务管理器"界面，可以看到刚刚创建的作用域，此时该作用域并未开始工作，它的图标中有一个向下的红色箭头，表明该作用域处于未激活状态。

（9）选择作用域"192.168.1.0"，在它的右键菜单中选中"激活"命令，完成 DHCP 作用域的激活，如图 21-11 所示。此时该作用域的红色箭头消失了，客户机可以开始向服务器租用该作用域下的 IP 了。

图 21-11　DHCP 服务管理器管理界面

3. DHCP 客户端的配置

将 DHCP 客户机的 TCP/IP 配置为自动获取，如图 21-12 所示，然后将客户机接入到 DHCP 服务器所在网络，即可完成 DHCP 客户端的配置。

图 21-12　DHCP 客户端的 TCP/IP 参数配置

4. 测试 DHCP 服务器是否正常工作

1）通过客户端界面验证

（1）在客户端的"本地连接"的右键菜单中选择"状态"命令，如图 21-13 所示，打开"本地连接状态"对话框。

图 21-13　查看本地连接状态

（2）单击"本地连接状态"的"详细信息"按钮，打开"网络连接详细信息"对话框，从该对话框中可以看到客户端自动配置的 IP 地址、子网掩码、租用、DHCP 服务器等信息，如图 21-14 所示。

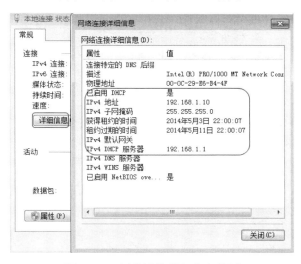

图 21-14　网络连接详细信息界面

2）通过客户端命令验证

在客户端打开命令行窗口，运行 ipconfig/all 命令，在图 21-15 中也可以看到客户端自动配置的 IP 地址、子网掩码、租用、DHCP 服务器等信息。

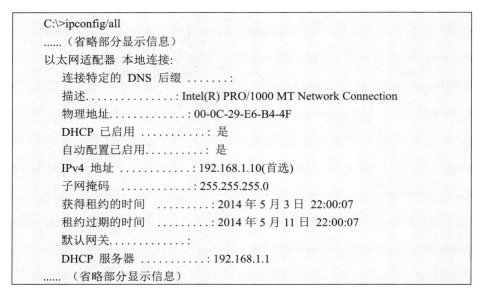

```
C:\>ipconfig/all
......（省略部分显示信息）
以太网适配器 本地连接:
    连接特定的 DNS 后缀 .......:
    描述...............: Intel(R) PRO/1000 MT Network Connection
    物理地址.............: 00-0C-29-E6-B4-4F
    DHCP 已启用 ...........: 是
    自动配置已启用.........: 是
    IPv4 地址 ...........: 192.168.1.10(首选)
    子网掩码 ...........: 255.255.255.0
    获得租约的时间 ........: 2014 年 5 月 3 日 22:00:07
    租约过期的时间 ........: 2014 年 5 月 11 日 22:00:07
    默认网关.............:
    DHCP 服务器 ..........: 192.168.1.1
......（省略部分显示信息）
```

图 21-15　ipconfig/all 命令执行结果界面

3）通过 DHCP 服务管理器验证

展开 DHCP 服务管理器的"作用域"扩展项，单击"地址租用"选项，可以查看客户端 IP 地址的租用情况，如图 21-16 所示。

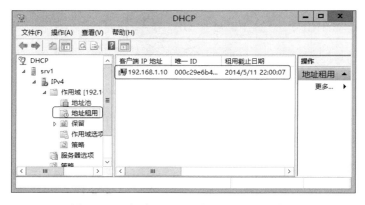

图 21-16　查看 DHCP 服务器地址租用结果

21.3　思考题

（1）在网络管理工作中，备份一些必要的配置信息是一项重要的工作，以便当网络出现故障时，能够及时恢复正确的配置信息，保障网络正常的运转。如何对 DHCP 服务器的配置信息进行备份和还原呢？

（2）在 DHCP 服务器中，通常会保留一些 IP 地址给一些特殊用途的网络设备，如路由器、交换机、打印服务器等，如果客户机私自将自己的 IP 地址更改为这些地址，就会造成这些设备无法正常工作。这时，我们需要合理地配置这些 IP 地址与 MAC 地址进行绑定，来防止保留的 IP 地址被盗用。应该如何设置呢？

21.4　实验报告

按照实验报告的格式要求书写实验报告。

补充资料

1.　什么是 DHCP

DHCP 是 Dynamic Host Configuration Protocol(动态主机分配协议)的缩写，它的前身是 BOOTP（Bootstrap Protocol，自举协议）。BOOTP 原本是用于无磁盘主机连接的网络上的：网络主机使用 BOOT ROM 而不是磁盘启动并连接上网络，BOOTP 则可以自动地为主机设定 TCP/IP 环境。

BOOTP 协议是一个基于 TCP/IP 协议的协议，它可以让无盘站从一个中心服务器上获得 IP 地址，为局域网中的无盘工作站分配动态 IP 地址，并不需要每个用户去设置静态 IP 地址。使用 BOOTP 协议的时候，一般包括 Bootstrap Protocol Server（自举协议服务端）和 Bootstrap Protocol Client（自举协议客户端）两部分。

应用：BOOTP 协议主要用于有无盘工作站的局域网中，客户端获取 IP 地址的过程如下：首先，由 BOOTP 启动代码启动客户端，这个时候客户端还没有 IP 地址，使用广播形式以 IP 地址 0.0.0.0 向网络中发出 IP 地址查询要求。接着，运行 BOOTP 协议的服务器接收到这个请求，会根据请求中提供的 MAC 地址找到客户端，并发送一个含有 IP 地址、服务器 IP 地址、网关等信息的 FOUND 帧。最后，客户端会根据该 FOUND 帧来通过专用 TFTP 服务器下载启动镜像文件，模拟成磁盘启动。

但 BOOTP 有一个缺点：用户在设定前需事先获得客户端的硬件地址，而且，与 IP 的对应是静态的。换而言之，BOOTP 非常缺乏 "动态性"，若在有限的 IP 资源环境中，BOOTP 的一一对应会造成非常大的浪费。

DHCP 可以说是 BOOTP 的增强版本，它分为两个部分：一个是服务器端，而另一个是客户端。所有的 IP 网络设定数据都由 DHCP 服务器集中管理，并负责处理客户端的 DHCP 要求；而客户端则会使用从服务器分配下来的 IP 环境数据。比较 BOOTP，DHCP 透过"租用"的概念，有效且动态地分配客户端的 TCP/IP 设定，而且，作为兼容考虑，DHCP 也完全照顾了 BOOTP Client 的需求。

2. DHCP 的工作原理

DHCP 的实际的工作过程及原理：DHCP 是一个基于广播的协议，它的操作可以归结为五个阶段，这些阶段是 IP 租用请求、IP 租用提供、IP 租用选择、IP 租用确认、IP 租用更新。

1）IP 租用请求

DHCP 客户机初始化 TCP/IP，通过 UDP 端口 67 向网络中发送一个 DHCPdiscover 广播包，请求租用 IP 地址。该广播包中的源 IP 地址为 0.0.0.0，目标 IP 地址为 255.255.255.255；包中还包含客户机的 MAC 地址和计算机名。

2）IP 租用提供

任何接收到 DHCPdiscover 广播包并且能够提供 IP 地址的 DHCP 服务器，都会通过 UDP 端口 68 给客户机回应一个 DHCPoffer 广播包，提供一个 IP 地址。该广播包的源 IP 地址为 DCHP 服务器 IP，目标 IP 地址为 255.255.255.255；包中还包含提供的 IP 地址、子网掩码及租期等信息。

3）IP 租用选择

客户机从不止一台 DHCP 服务器接收到提供（offer）之后，会选择第一个收到的 DHCPoffer 包，并向网络中广播一个 DHCPrequest 消息包，表明自己已经接收了一个 DHCP 服务器提供的 IP 地址。该广播包中包含所接收的 IP 地址和服务器的 IP 地址。所有其他的 DHCP 服务器撤销它们的提供，以便将 IP 地址提供给下一次 IP 租用请求。

4）IP 租用确认

被客户机选择的 DHCP 服务器在收到 DHCPrequest 广播后，会广播返回给客户机一个 DHCPACK 消息包，表明已经接受客户机的选择，并将这一 IP 地址的合法租用以及其他的配置信息都放入该广播包发给客户机。客户机在收到 DHCPACK 包后，会使用该广播包中的信息来配置自己的 TCP/IP，则租用过程完成，客户机可以在网络中通信。DHCP 客户机在发出 IP 租用请求的 DHCPdiscover 广播包后，将花费 1 秒钟的时间等待 DHCP 服务器的回应，如果 1 秒钟没有服务器的回应，它会将这一广播包重新广播四次（以 2，4，8 和 16 秒为间隔，加上 1～1000 毫秒之间随机长度的时间）。四次之后，如果仍未能收到服务器的回应，则运行 Windows 7 的 DHCP 客户机将从 169.254.0.0/16 这个自动保留的私有 IP 地址（APIPA）中选用一个 IP 地址，而运行其他操作系统的 DHCP 客户机将无法获得 IP 地址。DHCP 客户机仍然每隔 5 分钟重新广播一次，如果收到某个服务器的回应，则继续 IP 租用过程。

5）IP 租用更新

① 在当前租期已过去 50%时，DHCP 客户机直接向为其提供 IP 地址的 DHCP 服务器发送 DHCPrequest 消息包。如果客户机接收到该服务器回应的 DHCPACK 消息包，客户机就根据包中所提供的新的租期，以及其他已经更新的 TCP/IP 参数，更新自己的配置，IP 租用更新完成。如果没收到该服务器的回复，则客户机继续使用现有的 IP 地址，因为当前租期还有 50%。

② 如果在租期过去 50%时未能成功更新，则客户机将在当前租期过去 87.5%时再次向为其提供 IP 地址的 DHCP 联系。如果联系不成功，则重新开始 IP 租用过程。

③ 如果 DHCP 客户机重新启动时，它将尝试更新上次关机时所拥有的 IP 租用。如果更新未能成功，客户机将尝试联系现有 IP 租用中列出的默认网关。如果联系成功且租用尚未到期，客户机则认为自己仍然位于与它获得现有 IP 租用时相同的子网上（没有被移走），继续使用现有 IP 地址。如果未能与默认网关联系成功，客户机则认为自己已经被移到不同的子网上，将会开始新一轮的 IP 租用过程。

3. 使用 DHCP 的优点

DHCP 使服务器能够动态地为网络中的其他服务器提供 IP 地址，通过使用 DHCP，就可以不给 Intranet 网中除 DHCP,DNS 和 WINS 服务器外的任何服务器设置和维护静态 IP 地址。使用 DHCP 可以大大简化配置客户机的 TCP／IP 的工作，尤其是当某些 TCP／IP 参数改变时，如网络的大规模重建而引起的 IP 地址和子网掩码的更改工作。

DHCP 服务器上的 IP 地址数据库包含如下项目：

● 对互联网上所有客户机的有效配置参数。
● 在缓冲池中指定给客户机的有效 IP 地址，以及手工指定的保留地址。
● 服务器提供租用时间，租用时间即指定 IP 地址可以使用的时间。

在网络中配置 DHCP 服务器有如下优点：

● 管理员可以集中为整个互联网指定通用和特定子网的 TCP／IP 参

数，并且可以定义使用保留地址的客户机的参数。

● 提供安全可信的配置。DHCP 避免了在每台计算机上手工输入数值引起的配置错误，还能防止网络上计算机配置地址的冲突。

● 使用 DHCP 服务器能大大减少配置花费的开销和重新配置网络上计算机的时间，服务器可以在指派地址租用时配置所有的附加配置值。

● 客户机不需手工配置 TCP/IP。

● 客户机在子网间移动时，旧的 IP 地址自动释放以便再次使用。再次启动客户机时，DHCP 服务器会自动为客户机重新配置 TCP/IP。

实验 22 Wireshark（Ethereal） 抓包实验

22.1 实验目的

（1）掌握 Wireshark 软件的使用。
（2）掌握 Wireshark 执行基本的协议数据单元（PDU） 捕获。
（3）掌握 Wireshark 捕获、嗅探文件传输协议（FTP）密码。

22.2 实验环境

安装好 Windows 2012 Server 操作系统+ Wireshark 的计算机，要捕获 PDU，必须有效地连接到网络且在运行 Wireshark 下，才能捕获数据。

22.3 实验步骤

安装 Wireshark（Version 2.4.1），中间会提示安装 WinPcap,一切都按默认安装即可（已装好）。

1. 启动 Wireshark 后将显示如图 22-1 所示的界面

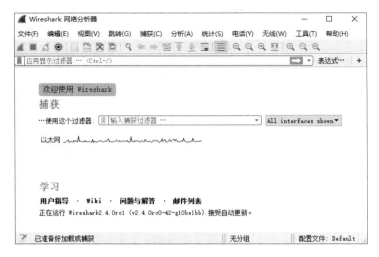

图 22-1　启动 Wireshark

（1）要开始数据捕获，首先选择"捕获"菜单中的"选项"命令，在出现的对话框中，选择对应的网络接口，如图 22-2 所示，因为有些计算机有多个网卡，必须确保将 Wireshark 设置为监控正确的接口。

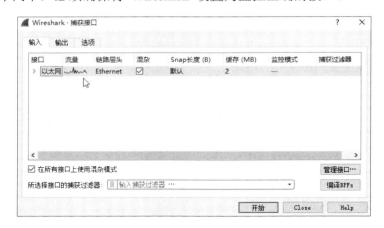

图 22-2　捕获接口

（2）单击"开始"按钮，开始数据捕获过程。图 22-3 是 Wireshark 的主显示窗口，有三个窗格。

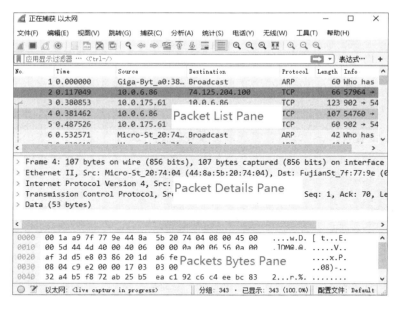

图 22-3　Wireshark 显示窗口

图 22-3 顶部的 Packet List Pane（数据包列表窗格），显示了捕获的每个数据包的摘要信息。单击此窗格中的数据包可控制另外两个窗格中显示的信息。

图 22-3 中间的 Packet Details Pane（数据包详细信息窗格），更加详细

地显示了"数据包列表"窗格中所选的数据包。

图 22-3 底部的 Packet Bytes Pane（数据包字节窗格），显示了 "数据包列表"窗格中所选数据包的实际数据（以十六进制形式表示实际的二进制），并突出显示了在"数据包详细信息"窗格中所选的字段。

"数据包列表"中的每行对应捕获数据的一个 PDU 或数据包。如果选择此窗格中的一行，其相关详细信息将显示在"数据包详细信息"和"数据包字节"窗格中。上例所示为使用 Ping 实用程序和访问 http://www.Wireshark.org 时捕获的 PDU。此窗格中选择了编号为 1 的数据包。

数据包详细信息窗格以更加详细的形式显示了当前数据包（即"数据包列表"窗格中所选的数据包）。此窗格显示了所选数据包的协议和协议字段。该数据包的协议和字段以树结构显示，可以展开和折叠。数据包字节窗格以"十六进制转储"的样式显示当前数据包（即"数据包列表"窗格中所选的数据包）的数据。本实验不详细研究此窗格。但是，在需要进行更加深入的分析时，此处显示的信息有助于分析 PDU 的二进制值和内容。

（3）捕获的数据 PDU 信息可以保存在文件中。这样，将来就可以随时在 Wireshark 中打开此文件进行分析，而无须再次捕获同样的数据通信量。打开捕获文件时，显示的信息与原始捕获的信息相同。关闭数据捕获屏幕或退出 Wireshark 时，系统会提示保存捕获的 PDU，如图 22-4 所示。

图 22-4　退出时的提示

2. 要抓 ARP 分组的包、TCP 数据报、ICMP 报文的包，可以在 CMD 窗口中，使用命令 Arp –d 删除当前 ARP 缓存，使用 Ping 命令 Ping 某台主机 IP 地址，例如 Ping 10.0.6.250

（1）运行命令 Arp -d 和 Ping 10.0.6.250，如图 22-5 所示。

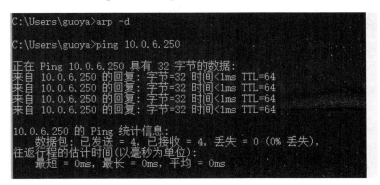

图 22-5　运行命令 Arp –d 和 Ping

（2）抓到了 ARP 包，信息如图 22-6 所示。

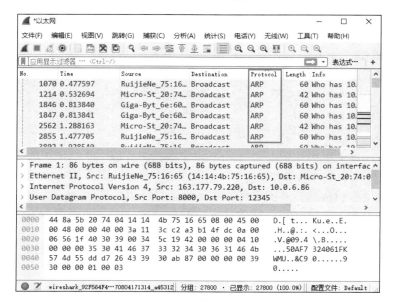

图 22-6　ARP 包

（3）抓到了 TCP 包，信息如图 22-7 所示。

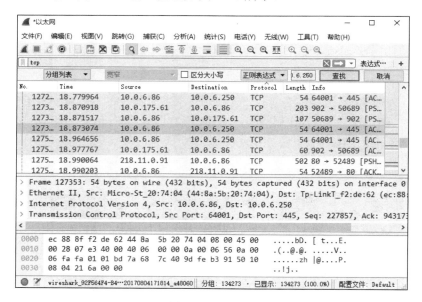

图 22-7　TCP 包

（4）抓到了 ICMP 包，信息如图 22-8 所示。

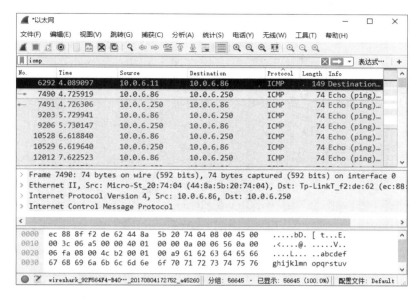

图 22-8　ICMP 包

3. 通过 Wireshark 捕获 FTP 数据包

启动 Wireshark，输入"ftp-data"，如图 22-9 所示，可以知道 test.txt 文件被下载过。

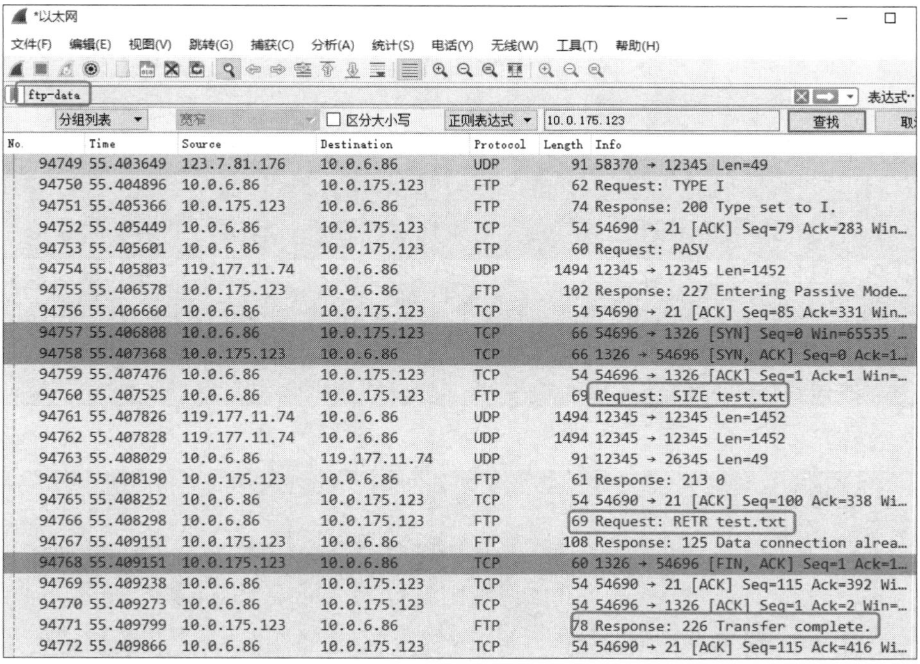

图 22-9　ftp-data

22.4　思考题

（1）Wireshark 常用功能有哪些？
（2）如何捕获 http 数据包和 smb 数据包？

22.5　实验报告

按照实验报告的格式要求书写实验报告。

"实验指导材料"

背景

Wireshark 是一种协议分析器软件，即"数据包嗅探器"应用程序，适用于网络故障排除、分析、软件和协议开发以及教学。2006 年 6 月前，Wireshark 的原名是 Ethereal。

数据包嗅探器（也称网络分析器或协议分析器）是可以截取并记录通过数据网络传送的数据通信量的计算机软件。当数据流通过网络来回传输时，嗅探器可以"捕获"每个协议数据单元 (PDU)，并根据适当的 RFC 或其他规范对其内容进行解码和分析。Wireshark 的编程使其能够识别不同网络协议的结构。因此，它可以显示 PDU 的封装和每个字段，并可解释其含义。对于从事网络工作的任何人来说，它是一款实用工具，而且可以在思科公司认证网络工程师（CCNA）课程的大部分实验中用于数据分析和故障排除。要了解相关信息并下载该程序，请转到 http://www.Wireshark.org。

抓包： 就是将网络传输协议发送与接收的数据包进行截获、重发、编辑、转存等操作。

过滤规则实例

- 捕捉主机 10.0.6.86 与 www 服务器 www.baidu.com 之间的通信 Ethereal 的 capture filter 规则设置为：host 10.0.6.86 and host www.baidu.com。
- 捕捉局域网上的所有 ARP 包，Ethereal 的 capture filter 的规则设置为：arp。

- 捕捉主机 10.0.6.86 发出或接收的所有 ARP 包，Ethereal 的 capture filter 规则设置为：arp host 10.0.6.86 或者等价地设置为：arp and host 10.0.6.86。
- 捕捉主机 10.0.6.86 发出或接收的所有 POP 包（即 src or dst port＝110），Ethereal 的 capture filter 的规则设置为：tcp port 110 and host 10.0.6.86。
- 捕捉主机 10.0.6.86 发出或接收的所有 FTP 包（即 src or dst port＝21），Ethereal 的 capture filter 规则设置为：tcp port 21 and host 10.0.6.86 。

① 在主机 10.0.6.86 上用 FTP 客户端软件访问 FTP server。
② 观察并分析 10.0.6.86 和 FTP server 之间传输的 Ethernet II（即 DIX Ethernet v2) 帧结构，IP 数据报结构，TCP segment 结构。
③ 观察并分析 FTP PDU 名称和结构。注意 10.0.6.86 发出的 FTP request PDU 中以 USER 开头、以 PASS 开头的两个 PDU，它们包含了什么信息？对 Internet 的 FTP 协议的安全性做出评价。

- 捕捉局域网上的所有 icmp 包，Ethereal 的 capture filter 规则设置为：icmp。
- 捕捉局域网上的所有 ethernet broadcast 帧，Ethereal 的 capture filter 规则设置为：ether broadcast。
- 捕捉局域网上的所有 IP 广播包，Ethereal 的 capture filter 规则设置为：ip broadcast。
- 捕捉局域网上的所有 ethernet multicast 帧，Ethereal 的 capture filter 的规则设置为：ether multicast。
- 要以 MAC address 00:00:11:11:22:22 为抓封包条件，Ethereal 的 capture filter 规则设置为：ether host 00:00:11:11:22:22

实验 23　安装 CentOS 7 操作系统

23.1　实验目的

（1）了解基于 VMware 虚拟机的创建与定制方法。

（2）掌握 CentOS 7 的安装方法。

（3）掌握 CentOS 7 安装后基本配置。

23.2　实验器材

（1）软件：VMware Workstation Pro 12

（2）安装文件：CentOS-7-x86_64-Everything-1611.iso

23.3　实验步骤

1. 创建和定制 VMware 虚拟机

（1）启动 VMware 软件，如图 23-1 所示。

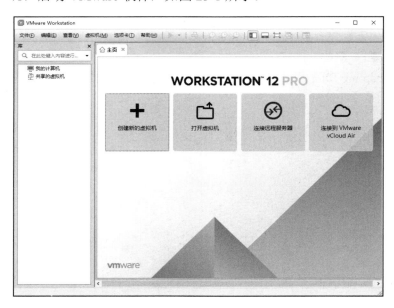

图 23-1　启动 VMware 软件

（2）单击"创建新的虚拟机"选项，按向导指引创建一个新的虚拟机，如图 23-2 所示。

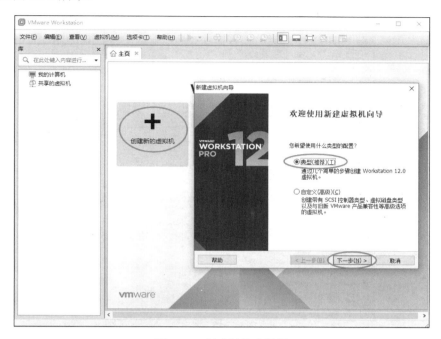

图 23-2 创建新的虚拟机

（3）选择稍后安装，如图 23-3 所示。

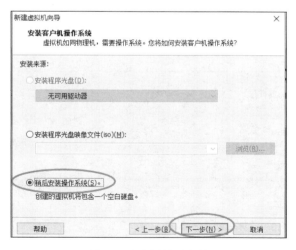

图 23-3 选择稍后安装

（4）选择创建的虚拟机类型，目标系统使用 CentOS7 操作系统，可以选取 CentOS 或 Linux 7 序列，两者兼容，操作系统是应该选取 32 位还是 64 位，可根据使用环境的实际情况来定，如图 23-4 所示。

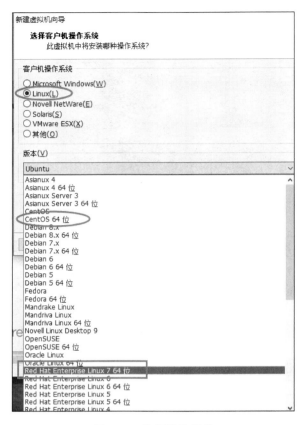

图 23-4　选择操作系统

（5）设置虚拟机的名称，并设置目标虚拟机存放的路径，如图 23-5 所示。

图 23-5　虚拟机存放的路径

（6）设置新建虚拟机的硬盘空间大小，可根据实际的需要设置。同时，考虑文件系统的性能及底层宿主操作系统的支持情况，选择"将虚拟硬盘拆分成多个文件"选项，如图 23-6 所示。

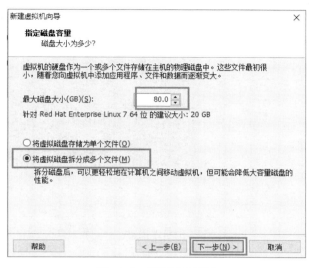

图 23-6　指定磁盘容量

（7）完成新建虚拟机，如图 23-7 所示。

图 23-7　完成新建虚拟机

（8）根据实际需要，定制目标虚拟机的配置，包括 CPU、内存、安装文件路径、网卡等硬件参数。在配置窗口，可根据需要添加硬盘等硬件，如图 23-8 所示。

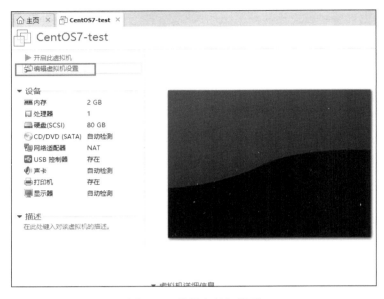

图 23-8　编辑虚拟机设置

（9）调整内存，如图 23-9 所示。

图 23-9　调整内存

（10）调整 CPU（默认情况下，需要在宿主机的主板中开启支持虚拟化技术），如图 23-10 所示。

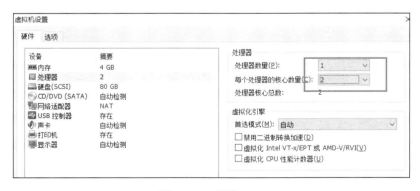

图 23-10　调整 CPU

（11）设置安装文件，如图 23-10 所示。

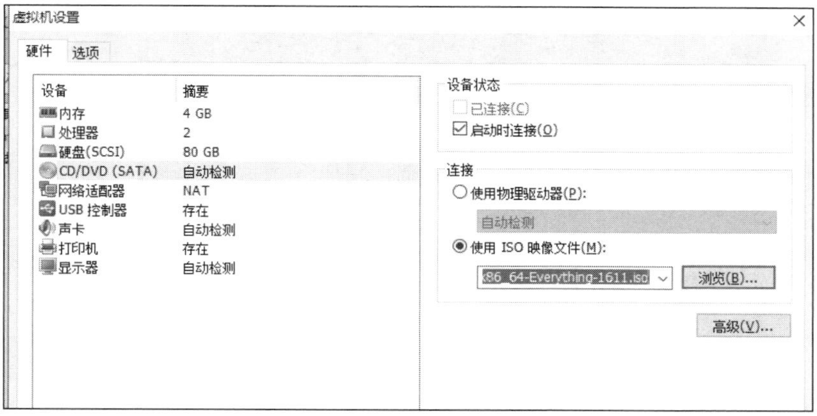

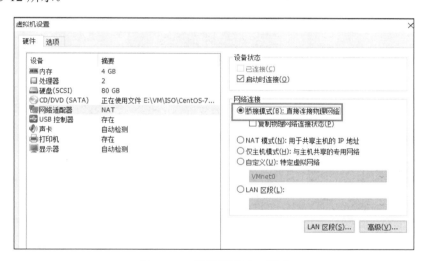

图 23-11　设置安装文件

（12）设置网络接口模式，建议在内部网络中设置为桥接模式，如图 23-12 所示。

图 23-12　设置网络接口模式

（13）可以根据实际测试环境需要，删除部分不需要的虚拟硬件设备，如图 23-13 所示。

图 23-13　移除"打印机"

（14）单击"确定"按钮，完成虚拟机定制，如图 23-14 所示。

图 23-14　完成虚拟机定制

2. 安装 CentOS 7 操作系统

（1）选取安装源，本次安装过程中使用 ISO 文件，如图 23-15 所示。

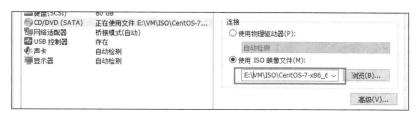

图 23-15　使用 ISO 影像文件

（2）启动虚拟机，可以单击"开启此虚拟机"选项，也可单击 ▶ 按钮，如图 23-16 所示。

图 23-16　启动虚拟机

（3）从光盘引导，启动后，首先看到图 23-17 中的内容，选择全新安装 CentOS 7 的"Install CentOS Linux 7"选项，则启动进入图 23-18 与图 23-19 所示的画面。用鼠标单击进入虚拟机操作界面，若需要切换至外部窗口，可按"Ctrl"键+"Alt"键，退出操作界面，若与宿主操作系统中的其他软件的热键冲突，则可以用 VMware 虚拟机软件的菜单命令"编辑" → "首选项"进行调整。如图 23-20 所示。

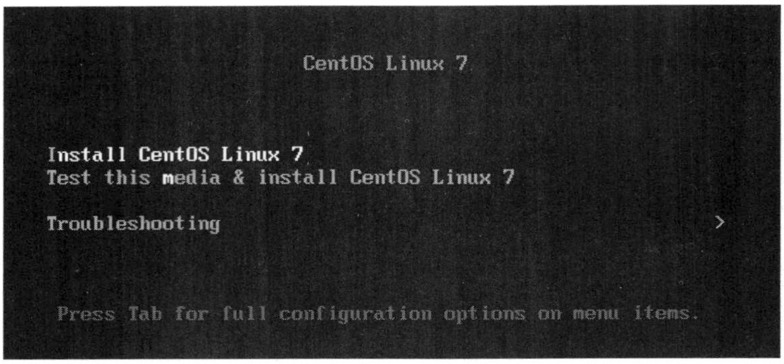

CentOS Linux 7

Install CentOS Linux 7
Test this media & install CentOS Linux 7

Troubleshooting   >

Press Tab for full configuration options on menu items.

图 23-17　启动界面

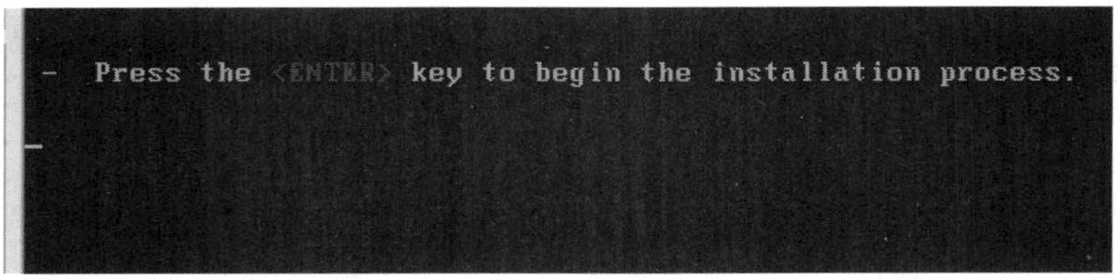

- Press the <ENTER> key to begin the installation process.

图 23-18　按任意键开始安装

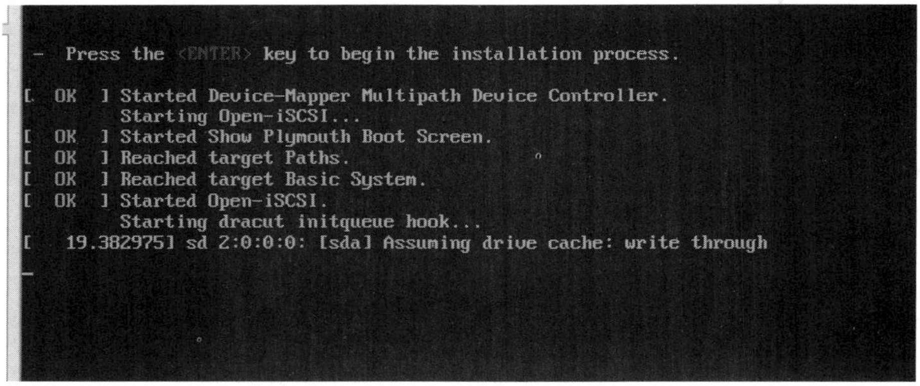

- Press the <ENTER> key to begin the installation process.
[OK] Started Device-Mapper Multipath Device Controller.
         Starting Open-iSCSI...
[OK] Started Show Plymouth Boot Screen.
[OK] Reached target Paths.
[OK] Reached target Basic System.
[OK] Started Open-iSCSI.
         Starting dracut initqueue hook...
[19.382975] sd 2:0:0:0: [sda] Assuming drive cache: write through

图 23-19　选择安装方式

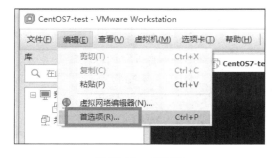

图 23-20　首选项

（4）系统引导，进入安装画面后，如图 23-21 所示，选择安装时的语言及键盘布局。在操作界面的左侧，拖动至底部，可以选取"中文"语言，然后在右侧选取默认的"简体中文"选项即可，如图 23-22 所示。

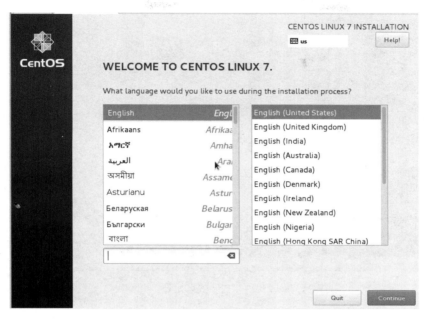

图 23-21　选择安装时的语言

图 23-22　选择"简体中文"选项

（5）单击"继续"按钮，进入"安装信息摘要设置"对话框，如图 23-23 所示。对即将安装的系统进行"本地化"、"软件"、"系统"三个方面的设置。

图 23-23　安装信息摘要

（6）单击"日期和时间"选项，进行系统的日期和时间设置，如图 23-24 所示，可以根据实际情况进行调整。如果需要设置网络时间服务器 "NTP"的设置，则按照图 23-25 所示进行设置。设置完成后，单击左上角"完成"按钮即可。

图 23-24　日期和时间设置

图 23-25　使用 NTP 服务器

（7）在软件选择安装方面，采用默认的光盘介质，单击"软件选择"选项后，出现如图 23-26 所示的对话框。可以根据实际应用环境的需要选取合适的环境，并对额外的软件进行添加选择。建议初学者选取"GNOME桌面"即可，可根据需要选择附加选项。设置完成后，单击左上角的"完成"按钮即可。

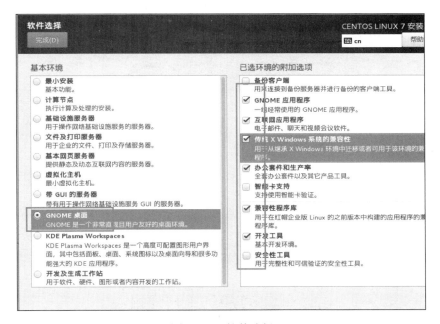

图 23-26　软件选择

（8）在安装 Linux 时，分区采用默认设置即可。通常系统将采用 LVM

管理技术进行磁盘分区的管理。如果需要手工进行调整设定则最少需要两个分区，根分区（/）和交换分区（SWAP），根分区用于存放安装文件及各类数据文档等资料，交换分区类似 Windows 系统中的虚拟内存。如果需要对硬盘分区进行适当调整，可以参考下面截图的几个步骤。

① 选择"我要配置分区"选项，启动"手工调整"，如图 23-27 所示。

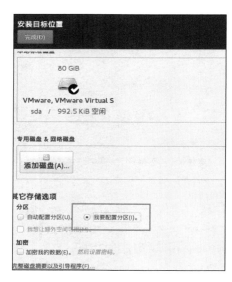

图 23-27　我要配置分区

② 选择使用 LVM 的管理方式，再单击"点这里自动创建它们"选项，如图 23-28 所示。

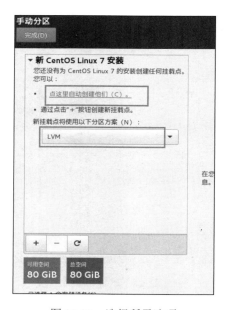

图 23-28　选择所需选项

③ 默认情况下，在 CentOS 操作系统中，将自动生成 4 个分区：/home 分区、/boot 分区、swap 分区和/分区，如图 23-29 所示。选择其中需要调整的分区，对容量进行设定后，剩余的空间，会显示在左下角。然后根据需要将所需的容量增加至其他分区，如果用于服务器则可以额外增加一个 /var 分区，Http，FTP 等服务器通常情况下都将文件存储在该分区中。如果没有/var 分区，则默认在根分区中创建 var 目录进行存放。设置完成后，单击左上角的"完成 "按钮。出现如图 23-30 所示的对话框，选择接受更改即可。

图 23-29 默认分区

图 23-30 接受更改

（9）如果需要对网络进行调整，可以参考以下几个步骤。假设机器所在的网络中有 DHCP 服务器，则单击右上角的"开启"按钮后，即可自动获取 IP 地址。如果需要手工配置，则单击右下角的"配置"按钮启动配置，如图 23-32 所示。接着按照图 23-33，图 23-34，图 23-35 所示的设置操作。

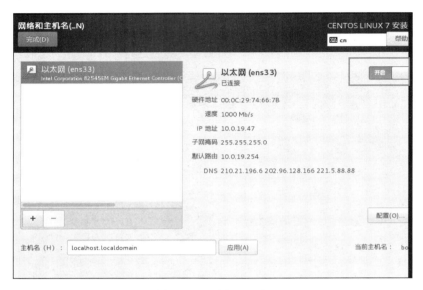

图 23-31　以太网开启

图 23-32　以太网配置

图 23-33　IPv4 设置

图 23-34　DNS 服务器设置

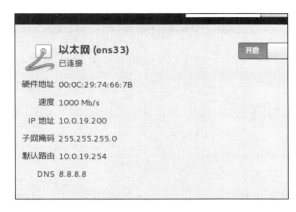

图 23-35　以太网的信息

（10）如果需要设置主机名，则在如图 23-36 所示"主机名"框中输入内容，设置完成后单击"应用"按钮即可。

图 23-36　主机名

（11）在系统设定中，如果目标系统没有特殊要求，则可以采用默认设置，然后单击"开始安装"按钮进入正式的软件安装阶段（如图 23-37 所示）。

图 23-37　安装信息摘要

（12）进入软件安装阶段后，还需要为 root 用户（管理员）设置密码以及新增普通用户，如图 23-38 所示。

图 23-38　用户设置

（13）单击"ROOT 密码"选项，设置管理员密码，注意长度和复杂度要求，如图 23-39 所示。

图 23-39　root 密码

（14）新增普通用户，需要设置"用户名"选项，用户名为登录系统的账户名称。注意密码的要求，如果需要设置简单的密码，则需要按两次"完成"按钮确认，如图 23-40 所示。

图 23-40　创建用户及设置密码

（15）按两次"完成"按钮确认后，CentOS 进入安装界面，如图 23-41和图 23-42 所示。

图 23-41　正在安装

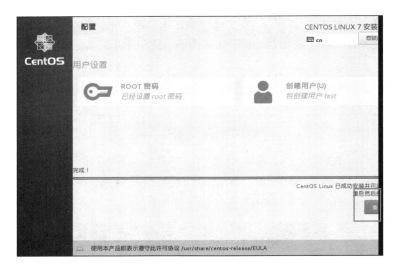

图 23-42 完成安装

（16）出现启动界面，如图 23-43 所示。

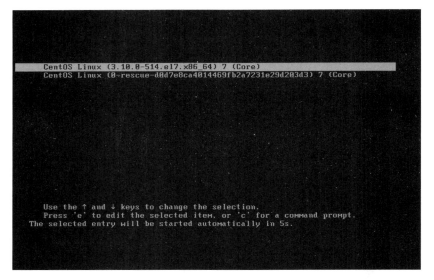

图 23-43 启动界面

（17）首次启动，会出现如图 23-44 和图 23-45 所示的提示框。

图 23-44 未接受许可证

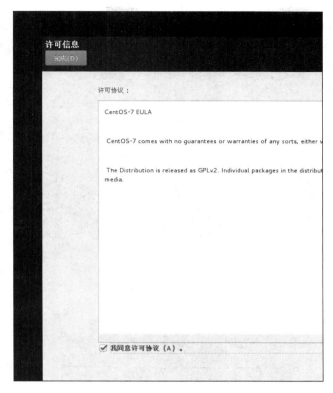

图 23-45　许可信息

（18）单击"完成配置"按钮（如图 23-46 所示），进入"登录"界面。

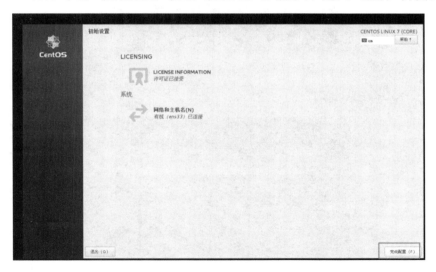

图 23-46　完成配置

（19）在"登录"界面中，默认只列出已有的普通用户的账户，如果需要使用 root 用户登录，则单击"未列出"按钮，如图 23-47 所示。

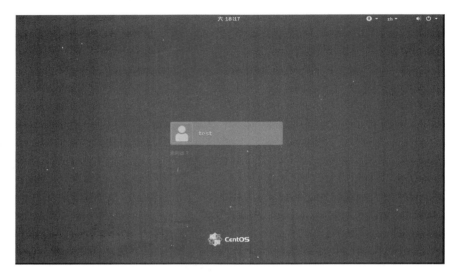

图 23-47 登录界面

（20）输入 root 用户名称，如图 23-48 所示。

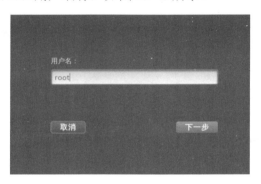

图 23-48 输入用户名 root

（21）输入 root 用户的密码，如图 23-49 所示。

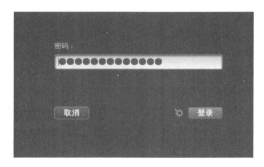

图 23-49 输入密码

（21）图 23-50，图 23-51，图 23-52，图 23-53 为初次登录后的设置，读者可以根据需要进行调整。

图 23-50　初次登录后的设置

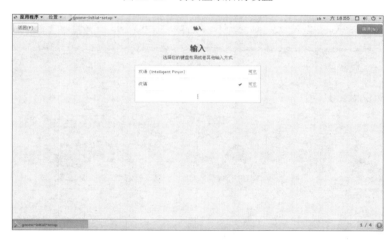

图 23-51　输入

图 23-52　连接您的在线账号

图 23-53　设置完成

初次登录设置完成后，可以获取系统的相关帮助，如图 23-54 所示。

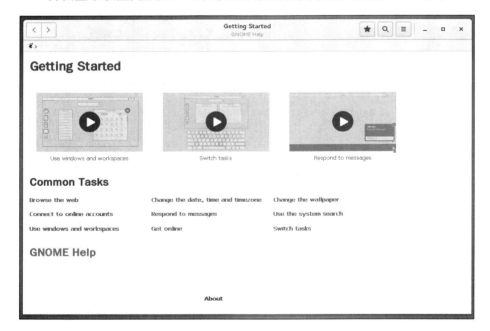

图 23-54　获取系统帮助

（22）登录系统后，即可使用 Linux 操作系统，单击左上角的"应用程序"按钮，即可打开系统中的各类软件及工具，如图 23-55 和图 23-56 所示。

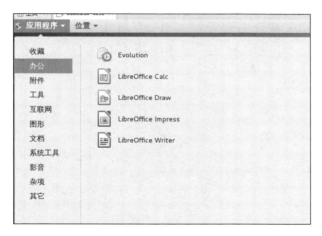

图 23-55　办公室软件

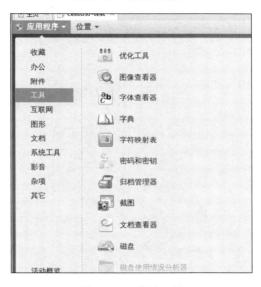

图 23-56　常用工具

　　（23）在桌面空白处，右键单击，从出现的快捷菜单中选择"打开终端"选项，如图 23-57 所示。启动 Linux 操作系统中常用的"终端"工具，可以执行各式各样的命令，如图 23-58 所示。

图 23-57　打开终端

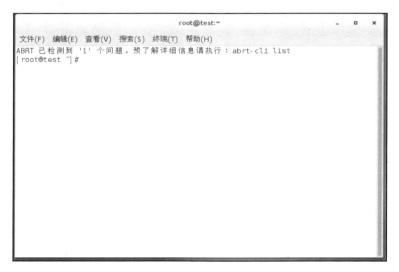

图 23-58　终端界面

23.4　使用 Linux 命令

下面列出 10 个在使用 Linux 过程中使用频率最高的命令：

① cat——显示文件内容。

② cd——改变目录路径。

③ cp——复制文件。

④ ls——列出目录信息。

⑤ rm——删除文件或目录。

⑥ vi——调用 vi 文本编辑器。

⑦ chmod——改变一个或多个文件的存取模式（mode）。

chmod [options] mode files——只能文件属主或特权用户才能使用该功能来改变文件存取模式。mode 可以是数字形式或以 who opcode permission 形式表示。who 是可选的，默认是 a（所有用户）。只能选择一个 opcode（操作码）。可指定多个 mode，以逗号分开。

⑧ chown——设置一个或多个文件或目录的属主身份。

chown [options] newowner files/directorys——新的属主可以是用户的 ID 号，也可以是/etc/passwd 里的登录名。chown 也可接受这样的形式：newowner:newgroup 或 newowner.newgroup。　同时改变所属组的属性。如果句点和冒号后没有组名，则组改变为新属主的组。只有文件或目录的当前属主才有权改变它的属性。

⑨ df——显示已安装文件系统的磁盘容量状态，df [options][name]。

$ df -h——以友好的格式输出所有已安装文件系统的磁盘容量状态。

$ df -m/home——以 M 为单位输出 home 目录的磁盘容量状态。

$ df -k——以 K 为单位输出所有已安装文件系统的磁盘容量状态。

$ df -i——报告空闲的、用过的或部分用过的（百分比）索引节点。

$ df -t ext3——仅显示文件类型为 ext3 的文件系统的磁盘状态。

$ df -x ext3——仅显示文件类型不为 ext3 的文件系统的磁盘状态。

$ df -T——除显示文件系统磁盘容量大小外还显示文件系统类型。

$ df -l——仅显示本地文件系统。

⑩ shutdown——终止所有进程，关闭计算机。shutdown [options] when [message]，例如：shutdown -h now。

23.5　思考题

（1）安装 CentOS 的时候，如不使用 LVM 进行分区管理，该如何进行操作？

（2）能否在 CentOS 操作系统中设置两个 IP 地址？

23.6　实验报告

按照实验报告的格式要求书写实验报告。

思考题参考答案

实验 1 网络命令的使用

（1）你的计算机平时能正常上网，某天突然不能上网了，你能否查出是什么原因造成的？

答：① 检查计算机的网卡是否正常工作，可以通过 Ping 本机的 IP 地址检测，如果 Ping 不通，网卡可能是被禁用了，需启动；如果网卡已经启动还是无法 Ping 通，则有可能是网卡坏了。

② 通过 Ping 网关判断路由器是否有问题，如果不能 Ping 通就要检查线路并确定路由器是否正常工作，路由器也有可能坏了。

③ 如果网关能正常 Ping 通，再测试能否 Ping 通 DNS 地址，如果不能 Ping 通，有可能是网络供应商的线路有问题，打电话给供应商可以了解清楚。

（2）如何查出计算机的 MAC 地址？有多少种方法？

答：通过命令有 4 种方法：ipconfig /all，nbtstat -a IP，route print，getmac.

还有一种方法是把鼠标放到"本地连接 属性"窗口中的网卡上，如图 1 所示。

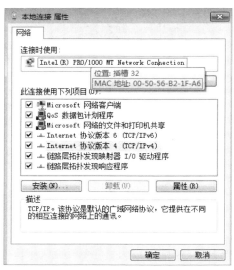

图 1　本地连接

（3）在同一个局域网内，知道对方的 IP 地址，如何查出它的主机名？

答：有 2 种方法：nbtstat　–a　IP 和 ping　–a　IP

实验 2 制作双绞线

（1）网线有四对线，为什么每对线都要缠绕着？

答：双绞线（Twisted Pair，TP）是综合布线工程中最常用的一种传输介质，是由两根具有绝缘保护层的铜导线组成的。把两根绝缘的铜导线按一定密度互相绞在一起，每一根导线在传输中辐射出来的电波会被另一根导线上发出的电波抵消，有效降低信号干扰的程度。

（2）直通线和交叉线的区别是什么？

答：直通线（Straight-Through Cable）：一根网线，两端的线序相同叫直通线，即两端线序相同，都是 568B 标准。不同类型设备连接使用直通线，例如：网卡到交换机、网卡到 ADSL modem、交换机到路由器等。

交叉线（Crossover Cable）：一根网线，一端为 568B 线序，另一端为 568A 线序，即 1-3，2-6 对调。相同类型设备连接使用交叉线，例如：两台电脑的网卡、交换机与交换机、交换机与集线器等。

（3）两台计算机通过连一条直通线能互相访问吗？请分析其原因。

答：现在网卡都有自适应功能，可以用直通线连；如果网卡没有自适应功能，就要使用交叉线。

实验 3 子网掩码与划分子网

（1）试用自己学过的知识分析并回答以下问题，然后在实验室验证你的结论。

● 172.16.0.220/25 和 172.16.2.33/25 分别属于哪个子网？
答：172.16.0.220/25 属于 172.16.0.128/25 子网，172.16.2.33/25 属于 172.16.2.0/25 子网。

● 192.168.1.60/26 和 192.168.1.66/26 能不能互相 Ping 通？为什么？
答：不能 Ping 通，因为它们属于不同子网。

● 210.89.14.25/23，210.89.15.89/23，210.89.16.148/23 之间能否互相 Ping 通，为什么？
答：210.89.14.25/23 和 210.89.15.89/23 属于同一子网，能 Ping 通；210.89.14.25/23 和 210.89.16.148/23 不属于同一子网，不能 Ping 通；210.89.15.89/23 和 210.89.16.148/23 不属于同一子网，不能 Ping 通。

（2）某单位分配到一个 C 类 IP 地址，其网络地址为：192.168.1.0，该单位有 100 台左右的计算机，并且分布在两个不同的地点，每个地点的计算机数大致相同，试给每一个地点分配一个子网号码，并写出每个地点计算机的最大 IP 地址和最小 IP 地址。

答：第一地点的子网号码是：192.168.1.64/26，最大 IP 地址是：192.168.1.126/26，最小 IP 地址是：192.168.1.65/26。

第二地点的子网号码是：192.168.1.128/26，最大 IP 地址是：

192.168.1.190/26，最小 IP 地址是：192.168.1.129/26。

（3）对于 B 类地址，假如主机数小于或等于 254，与 C 类地址算法相同。对于主机数大于 254 的，如需主机 700 台，又应该怎么划分子网呢？例如，其网络地址为 192.168.0.0，请计算出第一个子网的最大 IP 地址和最小 IP 地址。

答：如需主机 700 台，子网掩码是 22 位，第一子网号码是：192.168.4.0/22，最大 IP 地址是：192.168.4.254/22，最小 IP 地址是：192.168.4.1/22

（4）某单位分配到一个 C 类 IP 地址，其网络地址为 192.168.10.0，该单位需要划分 28 个子网，请计算出子网掩码和每个子网有多少个 IP 地址。

答：子网掩码是：255.255.255.248，每个子网有 6 个 IP 地址。

实验 4 交换机基本配置

（1）交换机有多少种配置模式？

答：交换机有 5 种配置模式。分别是：用户模式、特权模式、全局配置模式、端口配置模式、访问配置模式。

（2）为了方便管理，交换机需开通 telnet 功能，请问如何配置交换机？

答：参考图 4-3、图 4-4 和图 4-5 的配置。

（3）查看交换机所有配置信息用哪条命令？

答：Switch#show running-config

实验 5 管理 MAC 地址转发表

如果在交换机设置静态 MAC 地址，把 PC2 的 MAC 地址设置在 F0/2 接口，但 PC2 实际连接的是 F0/4 接口，这样 PC1 能 Ping 通 PC2 吗？如果不通，请说明原因。

答：不能 Ping 通，因为 PC2 的 MAC 地址设置在 F0/2 接口上，而 PC2 实际连接的是 F0/4 接口。

实验 6 虚拟局域网 VLAN 实验

如果把 vlan 2，vlan 3，vlan 4 都删除了，两个交换机只连一条线，六台 PC 机能互相访问吗？如果不能，如何设置才能互相访问？

答：不能互相访问。需要把六台 PC 连接的端口和两个交换机连接的端口都划分到同一个 vlan 才能互相访问。

实验 7 三层交换机的配置

（1）三层交换机和普通交换机有什么区别？

答：二层交换机工作于 OSI 模型的第 2 层（数据链路层），故而称为二层交换机。二层交换技术发展比较成熟，二层交换机属数据链路层设备，可以识别数据包中的 MAC 地址信息，根据 MAC 地址进行转发，并将这些 MAC 地址与对应的端口记录在自己内部的一个地址表中。

三层交换机就是具有部分路由器功能的交换机，三层交换机的最重要目的是加快大型局域网内部的数据交换，所具有的路由功能也是为这一目的服务的，能够做到一次路由，多次转发。数据包转发等规律性的过程由硬件高速实现，而像路由信息更新、路由表维护、路由计算、路由确定等功能，由软件实现。三层交换技术就是二层交换技术+三层转发技术。

传统交换技术是在 OSI 网络标准模型第二层——数据链路层进行操作的，而三层交换技术在网络模型中的第三层实现了数据包的高速转发，既可实现网络路由功能，又可根据不同网络状况做到最优网络性能。

（2）三层交换机和路由器有什么区别？

答：①适用环境不同

三层交换机的路由功能比较简单，主要面对简单的局域网连接，提供快速的数据交换功能，适应局域网数据交换频繁的特点。路由器旨在满足不同类型、各种复杂路径的网络连接需求，如局域网与广域网、不同协议的网络连接等。路由器的优势在于选择最佳路由、负荷分担、链路备份及和其他网络进行路由信息交换等。为了实现各类网络连接，路由器的接口类型非常丰富，而三层交换机一般仅有同类型的局域网接口，非常简单。

②性能体现不同

从技术上讲，路由器和三层交换机在数据包交换操作上存在明显区别。路由器由基于微处理器的软件路由引擎执行数据包交换，而三层交换机通过硬件执行交换。三层交换机在对第一个数据流进行路由后，将产生一个 MAC 地址与 IP 地址的映射表，当同样的数据流再次通过时，将根据此表直接从二层通过，从而消除网络延迟，提高数据包转发的效率。同时，三层交换机的路由查找是针对数据流的，它利用缓存技术，实现快速转发。而路由器的转发采用最长匹配的方式，转发效率较低。因此，三层交换机非常适合用于数据交换频繁的局域网中，而路由器更适合用于数据交换不是很频繁的不同类型网络的互联，如局域网与互联网的互联。

（3）如果改接 PC2 到其他端口（如 F0/7）情况会怎样呢？

答：会出现 PC1 不能 Ping 通 PC2 的情况。

实验 8　三层交换机的访问控制

（1）如果是在 Switch A 的 F0/1 端口上设置标准访问控制列表（ACL），应该如何设置？它与在 F0/2 上设置有什么区别？

答：设置如图 2 所示。

```
Switch#conf t
Switch(config)#access-list 101 deny ip 172.2.2.3 0.0.0.0 172.1.1.0 0.0.0.255
Switch(config)#access-list 101 permit ip 172.2.2.0 0.0.0.255 172.1.1.0 0.0.0.255
Switch(config-if)#int f0/1
Switch(config-if)#ip access-group 101 in
Switch(config-if)#end
```

图 2   F0/1 端口访问控制列表

（2）如果要 PC1 能访问 PC3，但不能访问 PC4；PC2 能访问 PC4，但不能访问 PC3；应该如何设置？

答：设置如图 3 所示。

```
Switch#conf t
Switch(config)#access-list 100 deny ip 172.2.2.3 0.0.0.0 host 172.1.1.2
Switch(config)#access-list 101 permit ip 172.2.2.0 0.0.0.255 172.1.1.0 0.0.0.255
Switch(config)#access-list 101 deny ip 172.2.2.2 0.0.0.0 host 172.1.1.3
Switch(config)#access-list 101 permit ip 172.2.2.0 0.0.0.255 172.1.1.0 0.0.0.255
Switch(config-if)#int f0/2
Switch(config-if)#ip access-group 100 out
Switch(config-if)#ip access-group 101 out
Switch(config-if)#end
```

图 3   F0/2 端口访问控制列表

实验 9 三层交换机综合实验

如果二层交换机和三层交换机需要通过设置 IP 进行远程管理，应该如何设置？

答：三层交换机设置允许 telnet，如图 4 所示。

```
Switch#config t
Switch(config)#enable password cisco
Switch(config)#int vlan 1
Switch(config-if)#ip address 192.168.1.1 255.255.255.0
Switch(config-if)#no shut
Switch(config-if)#exit
Switch(config)#line vty 0 15
Switch(config-line)#password cisco
Switch(config-line)#login
Switch(config-line)#end
```

图 4   三层交换机 telnet 配置

二层交换机（Switch 0）设置允许 telnet，如图 5 所示。由于管理 IP 地址只能配置在 vlan 1 上，所以 PC1-PC6 都无法 telnet 管理，需要在三层交换机连接一台主机，该主机的 IP 地址配置为 192.168.1.0/24，详细 IP 地址只要不与网络的地址冲突都可以。二层交换机（Switch 0）的配置参考图 5，IP 地址不要设置得一样即可。

```
Switch#config t
Switch(config)#enable password cisco
Switch(config)#int vlan 1
Switch(config-if)#ip address 192.168.1.2 255.255.255.0
Switch(config-if)#no shut
Switch(config-if)#exit
Switch(config)#line vty 0 15
Switch(config-line)#password cisco
Switch(config-line)#login
Switch(config-line)#end
```

图 5　二层交换机（Switch 0）telnet 配置

实验 10　路由器的基本配置

（1）路由器有多少种配置模式？

答：路由器有 6 种配置模式，分别是：用户模式、特权模式、全局配置模式、接口配置模式、线路配置模式和路由进程配置模式。

（2）为了方便管理，路由器需开通 telnet 功能，请问如何配置路由器？

答：如图 6 所示。

```
Router>enable
Router#configure terminal
Router(config)#interface fastethernet 0/0
Router(config-if)#ip address 192.168.1.1 255.255.255.0
Router(config-if)#no shutdown
Router(config-if)#exit
Router(config)#enable password  star
Router(config)#line vty 0 4
Router(config-line)#login
Router(config-line)# password star
Router(config-line)#end
```

图 6　路由器配置 telnet

（3）查看路由器所有配置信息用哪条命令？

答：Router#show running-config。

（4）如果不设置路由器远程登录密码与路由器特权模式密码，可以通过 telnet 访问路由器吗？

答：不可以通过 telnet 访问路由器。

（5）PC1 为什么不能 Ping 通 PC0 和 S0/0 的 IP 地址（172.159.1.1）？

答：因为 PC0 连接的是 Console 线，而 S0/0 接口虽然设置了 IP 地址，但没有连接设备，所以无法 Ping 通。

实验 11　静态路由实验

（1）如果拓扑图如图 11-8 所示，应该如何配置才能使所有 PC 机相互通信？

提示：当两个路由器之间用串口相连时，必须设置其中一个路由器相连的接口为 DCE，另一个路由器的接口为 DTE。为 DCE 的接口必须先要设置时钟频率，操作如下：Router(config-if)#clock rate 64000，用 show controllers s x/x 命令即可查看接口是 DCE 还是 DTE 。

答：图 11-8 和图 11-1 的网络拓扑图是一样的，区别就是两个路由器连接线不一样，图 11-8 是用串口线连接的，配置时在 DCE 端口配置 clock rate，例如：Router(config-if)#clock rate 64000。其他配置与图 11-1 的配置是一样的。

（2）如果是三个路由器组成的拓扑图（如图 11-9 所示），应该如何配置才能让所有的 PC 机相互通信？

答：图 11-9 的网络拓扑图可以看成是图 11-1 和图 11-8 合拼的网络拓扑图，首先要规划好 IP 地址，参考表 1。

表 1　IP 地址规划

名　称	接　口	IP 地址	网　关
Router A	F0/0	192.168.1.1/24	
	F0/1	172.1.1.1/24	
Router B	F0/0	192.168.1.2/24	
	F0/1	172.2.2.1/24	
	Se2/0	192.168.2.1/24	
Router C	Se2/0	192.168.2.2/24	
	F0/1	172.3.3.1/24	
PC5		172.1.1.2/24	172.1.1.1
PC6		172.1.1.3/24	172.1.1.1
PC1		172.2.2.2/24	172.2.2.1
PC2		172.2.2.3/24	172.2.2.1
PC3		172.3.3.2/24	172.3.3.1
PC4		172.3.3.2/24	172.3.3.1

每个路由器的静态路由配置有区别，例如 Router A 的配置如图 7 所示。

```
Router#conf t
Router(config)#ip route 172.2.2.0 255.255.255.0 192.168.1.2
Router(config)#ip route 172.3.3.0 255.255.255.0 192.168.1.2
```

图 7　Router A 静态路由配置

Router B 和 Router C 静态路由配置参考图 7，这里不详细介绍。

实验 12 路由信息协议（RIP）实验

（1）如果拓扑图如图 12-8 所示，应该如何配置才能使所有 PC 机相互通信？

提示： 当两个路由器之间用串口相连时，必须设置其中一个路由器相连的接口为 DCE，另一个路由器的接口为 DTE。而 DCE 的接口必须先要设置时钟频率，操作如下：

Router(config-if)#clock rate 64000

查看配置：Router# show controllers s1/0

答：图 12-8 和图 12-1 的网络拓扑图是一样的，区别就是两个路由器连接线不一样，图 12-8 是用串口线连接的，配置时在 DCE 端口配置 clock rate，例如：Router(config-if)#clock rate 64000。其他配置与图 12-1 的配置是一样的。

（2）如果是三个路由器组成的拓扑图（如图 12-9 所示），应该如何配置才能使所有 PC 机相互通信？

答：图 12-9 的网络拓扑图可以看成是图 12-1 和图 12-8 合拼的网络拓扑图，首先要规划好 IP 地址，参考表 2。

表 2　IP 地址规划

名　　称	接　　口	IP 地址	网　　关
Router A	F0/0	192.168.1.1/24	
	F0/1	172.1.1.1/24	
Router B	F0/0	192.168.1.2/24	
	F0/1	172.2.2.1/24	
	Se2/0	192.168.2.1/24	
Router C	Se2/0	192.168.2.2/24	
	F0/1	172.3.3.1/24	
PC5		172.1.1.2/24	172.1.1.1
PC6		172.1.1.3/24	172.1.1.1
PC1		172.2.2.2/24	172.2.2.1
PC2		172.2.2.3/24	172.2.2.1
PC3		172.3.3.2/24	172.3.3.1
PC4		172.3.3.2/24	172.3.3.1

每个路由器的 RIP 路由配置有区别，例如 Router A 的配置如图 8 所示。

```
Router#conf t
Router(config)#router rip
Router(config-router)#version 2
Router(config-router)#network 172.1.1.0
Router(config-router)#network 192.168.1.0
Router(config-router)#end
```

图 8　Router A RIP 路由配置

Router B 和 Router C 静态路由配置参考图 D-7，这里不详细介绍。

实验 13　开放最短路径优先（OSPF）实验

（1）如果拓扑图如图 13-8 所示，应该如何配置才能使所有 PC 机相互通信？

提示：当两个路由器之间用串口相连时，必须设置其中一个路由器相连的接口为 DCE，另一个路由器的接口为 DTE。DCE 的接口必须先要设置时钟频率，操作如下：

Router(config-if)#clock rate 64000

答：图 13-8 和图 13-1 的网络拓扑图是一样的，区别就是两个路由器连接线不一样，图 13-8 是用串口线连接的，配置时在 DCE 端口配置 clock rate，例如：Router(config-if)#clock rate 64000。其他配置与图 13-1 的配置是一样的。

（2）如果是三个路由器组成的拓扑图（如图 13-9 所示），应该如何配置才能使所有 PC 机相互通信？

答：图 13-9 的网络拓扑图可以看成是图 13-1 和图 13-8 合拼的网络拓扑图，首先要规划好 IP 地址，参考表 3。

表 3　IP 地址规划

名　称	接　口	IP 地址	网　关
Router A	F0/0	192.168.1.1/24	
	F0/1	172.1.1.1/24	
Router B	F0/0	192.168.1.2/24	
	F0/1	172.2.2.1/24	
	Se2/0	192.168.2.1/24	
Router C	Se2/0	192.168.2.2/24	
	F0/1	172.3.3.1/24	
PC5		172.1.1.2/24	172.1.1.1
PC6		172.1.1.3/24	172.1.1.1
PC1		172.2.2.2/24	172.2.2.1
PC2		172.2.2.3/24	172.2.2.1
PC3		172.3.3.2/24	172.3.3.1
PC4		172.3.3.2/24	172.3.3.1

每个路由器的 OSPF 路由配置有区别，例如 Router A 的配置如图 9 所示。

```
Router#conf t
Router(config)#router ospf 100
Router(config-router)#network 172.1.1.0 0.0.0.255 area 0
Router(config-router)#network 192.168.1.0 0.0.0.255 area 0
Router(config-router)#end
```

图 9   Router A OSPF 路由配置

Router B 和 Router C 静态路由配置参考图 D-8，这里不详细介绍。

实验 14 访问控制列表（ACL）实验

（1）如果是三个路由器组成的拓扑图（如图 14-8 所示），应该如何配置才能使所有 PC 机相互通信？

PC5 和 PC6 属于 172.1.1.0/24 网段；PC1 和 PC2 属于 172.2.2.0/24 网段；PC3 和 PC4 属于 172.3.3.0/24 网段。

答：参考实验 11、12 和 13 的思考题(2)的解答方法。

要求禁止 172.3.3.0/24 网段上的所有用户访问 172.1.1.0/24 网段，应该如何配置标准 ACL 或者扩展 ACL？你可以用静态路由、RIP 路由或者 OSPF 路由配置，使它们都能互通，再配置访问控制列表。

答：在 Router B 中配置，如图 10 所示。

```
Router#conf t
Router(config)#access-list 100 deny ip 172.3.3.0 0 0.0.0.255 172.1.1.0 0.0.0.255
Router(config)#access-list 100 permit ip 172.3.3.0 0 0.0.0.255 172.2.2.0 0.0.0.255
Router(config-if)#int g0/1
Router(config-if)#ip access-group 100 in
Router(config-if)#end
```

图 10   拓展 ACL 配置

如果要禁止 172.2.2.0/24 的网络对路由器 C 进行 telnet，应该如何配置扩展 ACL？

答：在 Router C 中配置，如图 11 所示。

```
Router#conf t
Router(config)#access-list 101 deny tcp any host 172.2.2.0 0.0.0.255 eq 23
Router(config-if)#int g0/0
Router(config-if)#ip access-group 100 in
Router(config-if)#end
```

图 11   拓展 ACL 配置

（2）当一个路由器上设置了扩展 ACL 允许其中一个网段访问 Internet，同时又设置了标准 ACL 禁止该网段访问 Internet。问：该网段到底能否访问 Internet？

答：该网段不能访问 Internet。

实验 15 单臂路由实验

（1）如果物理接口连接多个子接口，子接口的带宽会如何变化？

答：子接口的带宽会变小。

（2）如果拓扑图如图 15-5 所示，应该如何配置才能使所有 PC 机相互通信？

答：参考图 8-1 和图 15-1 网络拓扑图的配置。

实验 16 PPP 配置实验

（1）PPP 的两种认证方式 PAP 与 CHAP 的认证过程有何区别？

答：PAP 认证方式传输用户名和密码且明文传送，而 CHAP 认证方式在传输过程中不传输密码，取代密码的是 Hash（哈希值）。因此，CHAP 认证比 PAP 认证的安全性高。

PAP 认证过程是两次握手，而 CHAP 认证过程是三次握手。PAP 认证由被认证方发起请求，主认证方响应；而 CHAP 认证由主认证方发起请求，被认证方回复一个数据包，这个包里面有主认证方发送的随机的哈希值，主认证方在数据库中确认无误后发送一个连接成功的数据包连接。

（2）如果拓扑图如图 16-13 所示，应该如何配置才能使 PC0 和 PC1 相互通信？

答：参考图 16-1 网络拓扑图的配置。

实验 17 配置无线网实验

（1）Access Point0 和 Wireless Router0 的区别？

答：Access Point（AP）就是无线交换机，它只具有二层功能，没有路由器功能。

Wireless Router 即无线路由器，不仅能够连接无线网卡，而且具有路由器的 DHCP、NAT 及防火墙等功能，可支持局域网用户的网络连接共享，可实现家庭无线网络中的 Internet 连接共享，实现 ADSL 和小区宽带的无线共享接入。

（2）SSID 的定义？

答：SSID（Service Set Identifier），许多人认为可以将 SSID 写成 ESSID，其实不然，SSID 是个笼统的概念，包含了 ESSID 和 BSSID，用来区分不同的网络，最多可以有 32 个字符，无线网卡设置了不同的 SSID 就可以进入不同网络，SSID 通常由 AP 广播出来，通过 XP 自带的扫描功能可以查看当前区域内的 SSID。出于安全考虑可以不广播 SSID，此时用户就要手工设置 SSID 才能进入相应的网络。简单说，SSID 就是一个局域网的名称，只有设置相同 SSID 的电脑才能互相通信。

（3）在 PC0 上如何使用浏览器配置 Wireless Router0？

答：在浏览器上输入 Wireless Router0 的管理 IP 地址，输入用户和密码登录就可以配置 Wireless Router0。

（4）Ping Tablet PC1 能 Ping 通 PC2 吗？请解释原因。

答：不能 Ping 通，因为被 Wireless Router0 隔离了。

实验 18 Web，FTP 服务器的配置

（1）如果在同一台 Web 服务器上要建立多个站点，有什么方法可以实现呢？请通过实验进行调试。Web 服务器的虚拟目录有什么作用呢？请新建立一个虚拟目录，通过实验掌握它的设置及使用。

答：要建立多个站点，可以通过不同的 IP 地址、不同的端口号、虚拟目录来实现。虚拟目录可以更方便地移动网站中的目录，只需更改虚拟目录物理位置之间的映射，无须更改目录的 URL。使用虚拟目录可以发布多个目录下的内容，并可以单独控制每个虚拟目录的访问权限。使用虚拟目录可以均衡 Web 服务器的负载，因为网站中的资源来自于多个不同的服务器，从而避免单一服务器负载过重，响应缓慢。

（2）如果要禁止某个 IP 地址访问 FTP 服务器，应该如何设置呢？（实验的时候可以根据自己的网络结构任意指定一个 IP 地址，或者让老师指定一个 IP 地址。）

答：打开"Internet 信息服务（IIS）管理器"，找到"FTP　IP 地址和域限制"，如图 12 所示。双击"FTP　IP 地址和域限制"，单击"添加拒绝条目"，在"特定 IP 地址（S）"输入禁止的 IP 地址。

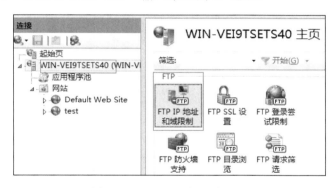

图 12　FTP　IP 地址和域限制

（3）如果要禁止某一段 IP 地址访问 FTP 服务器，应该如何设置呢？实验的时候老师可以根据实际的网络结构指定一段 IP 地址。（提示：和子网掩码有关系。）

答：打开"Internet 信息服务（IIS）管理器"，找到"FTP　IP 地址和域限制"，如图 D-11 所示。双击"FTP　IP 地址和域限制"，单击"添加拒绝条目"，在"IP 地址范围（R）"输入禁止的 IP 地址和掩码。

（4）FTP 服务器的虚拟目录有什么作用呢？请新建立一个虚拟目录，通过实验掌握它的设置及使用。

答：虚拟目录就是将其他目录以映射的方式虚拟到该 FTP 服务器的主目录下，这样，一个 FTP 服务器的主目录实质上就可以包括很多不同盘符、不同路径的目录，而不会受到所在盘空间的限制了。当用户登录到主目录下时，还可以根据该账户的权限对它进行相应的操作，就像操作主目录下的子目录一样。如果用户被锁定在主目录下，这项功能将允许他们访问主目录之外的其他目录。

实验 19　DNS 服务器的配置

（1）结合 Web 服务器配置 DNS 服务器。假设域名为：www.network.com，让它指向 Web 服务器的地址。如何配置才能通过域名访问站点？

答：①Web 服务器配置要正确。

②DNS 服务器上正确配置 www.network.com 域名指向 Web 服务器 IP 地址。

③客户端的 DNS 地址设置为 DNS 服务器的 IP 地址。

（2）结合 FTP 服务器配置 DNS 服务器。假设域名为：ftp.network.com，让它指向 FTP 服务器的地址。如何配置才能通过域名访问 FTP？

答：①FTP 服务器配置要正确。

②DNS 服务器上正确配置 ftp.network.com 域名指向 FTP 服务器 IP 地址。

③客户端的 DNS 地址设置为 DNS 服务器的 IP 地址。

实验 20　Windows 2012 AD 活动目录部署

（1）Active Directory（活动目录）的主要作用是什么？

答：①基础网络服务：包括 DNS、WINS、DHCP、证书服务等。

②服务器及客户端计算机管理：管理服务器及客户端计算机账户，所有服务器及客户端计算机加入域管理并实施组策略。

③用户服务：管理用户域账户、用户信息、企业通讯录（与电子邮件系统集成）、用户组、用户身份认证、用户授权等，实施组管理策略。

④资源管理：管理打印机、文件共享服务等网络资源。

⑤桌面配置：系统管理员可以集中地配置各种桌面配置策略，如：用户使用域中资源权限限制、界面功能的限制、应用程序执行特征限制、网络连接限制、安全配置限制等。

⑥应用系统支撑：支持财务、人事、电子邮件、企业信息门户、办公自动化、补丁管理、防病毒系统等各种应用系统。

（2）删除域控制器与域？

答：由于 Windows Server 2012 不再支持 Dcpromo，对于活动目录域服

务的卸载，可以在图形状态下进行，或者通过 PowerShell 脚本进行。

①选择"管理"菜单下的"删除角色和功能"选项。

②选择删除 ADDS，然后选择"将此域控制器降级"选项。

③用脚本卸载活动目录域服务。

运行以下脚本文件

```
#
# 用于 AD DS 部署的 Windows PowerShell 脚本
#
Import-Module ADDSDeployment
Uninstall-ADDSDomainController `
-DemoteOperationMasterRole:$true `
-IgnoreLastDnsServerForZone:$true `
-LastDomainControllerInDomain:$true `
-RemoveDnsDelegation:$true `
-RemoveApplicationPartitions:$true `
-Force:$true
```

实验 21　DHCP 服务器的配置

（1）在网络管理工作中，备份一些必要的配置信息是一项重要的工作，以便当网络出现故障时，能够及时恢复正确的配置信息，保障网络的正常运转。如何对 DHCP 服务器的配置信息进行备份和还原呢？

答：打开 DHCP，单击服务器的名称，再单击鼠标右键，就可以看到"备份"和"还原"选项，按向导提示操作即可。

（2）在 DHCP 服务器中，通常会保留一些 IP 地址给一些特殊用途的网络设备，如路由器、交换机、打印服务器等，如果客户机私自将自己的 IP 地址更改为这些地址，就会造成这些设备无法正常工作。这时，我们需要合理地配置这些 IP 地址与 MAC 地址进行绑定，来防止保留的 IP 地址被盗用。应该如何设置呢？

答：打开 DHCP，单击服务器的名称→IPv4→筛选器→允许，单击鼠标右键，单击"新建筛选器（N）"，把需要绑定的 MAC 地址输入对话框，单击"添加"即可。

实验 22　Wireshark（Ethereal）抓包实验

（1）Wireshark 的常用功能有哪些？

答：Wireshark（前称 Ethereal）是一个网络封包分析软件。网络封包分析软件的功能是撷取网络封包，并尽可能显示出最为详细的网络封包资料。Wireshark 使用 WinPCAP 作为接口，直接与网卡进行数据报文交换。

可将网络封包分析软件的功能想象成 "电工技师使用电表来量测电流、电压、电阻"——只是将场景移植到网络上，并将电线替换成网线。在过去，网络封包分析软件是非常昂贵的，或是专门属于盈利用的软件。Ethereal 的出现改变了这一切。在 GNUGPL 通用许可证的保障范围下，使用者可以免费取得软件与其源代码，并拥有针对其源代码进行修改及客制化的权利。Wireshark 是目前全世界应用最广泛的网络封包分析软件之一。

（2）如何捕获 http 数据包和 smb 数据包？

答：① 运行 Wireshark 软件，进入主界面。

② 在左侧网卡区域，单击选择网卡，单击 start，进入捕包界面。

③ 在 filter（过滤器）的方框中，输入 http 或者 smb。

④ 单击右侧的 apply（应用）。此时，进入捕包状态。若在浏览器中浏览网页，就能捕获其中的 http 或者 smb 数据包。

⑤ 通过分析单个的数据包，进行解码分析。

实验 23 安装 CentOS 7 操作系统

（1）安装 CentOS 的时候，如不使用 LVM 进行分区管理，该如何进行操作？

答：可以采用手工传统分区的方式和 Btrfs 分区的方式进行。

（2）能否在 CentOS 操作系统中设置两个 IP 地址？

答：可以。

附录 A 实验报告格式

_____院/系_____专业 _____年级_____班

实验时间_____年___月___日

姓　名_____　学　号_____

实验名称_____

同组同学_____

实验成绩_____

一、实验目的

　　从实验指导书上摘录实验目的。

二、实验仪器设备及软件

　　写出实验用到的仪器设备及软件的名称。

三、实验方案

　　详细描述完成实验目的所需的实验方案。

四、实验步骤

　　详细描述实验的主要步骤。

五、实验结果及分析

　　描述按实验方案、实验步骤所得的结果，并对实验结果进行分析。

六、实验总结及体会

　　简单总结实验中碰到的问题、解决方法、心得体会等。

七、教师评语

附录 B 实验设备一览表

1. 思科设备清单

设备名称	简　介	备　注
思科 Cisco 2620 Cisco 2621 路由器	Cisco 2600 系列具有单或双以太局域网接口，两个 Cisco 广域网接口卡插槽、一个 Cisco 网络模块插槽。可使用 Cisco 1600 和 Cisco 3600 系列的接口模块，提供了高效率、低成本的解决方案，以满足当今远程分支机构的需求。同时可支持以下应用：多业务（语音、数据）集成、办公室拨号服务、企业外部网的 VPN 访问。	适用于实验 10、11、12、13、14、15、16、17。
思科 Cisco 2811 Cisco 2911 路由器	Cisco 2800、2900 系列的独特集成系统架构，提供了最高业务灵活性和投资保护。它具备内嵌加密加速和主板话音数字信号处理器（DSP）插槽；入侵保护和防火墙功能；集成化呼叫处理和语音留言；用于多种连接需求的高密度接口；以及充足的性能和插槽密度，以用于未来网络扩展和高级应用。	适用于实验 10、11、12、13、14、15、16、17。
思科 Cisco C3550， Cisco C3560 三层交换机	3500 系列既可以作为一个功能强大的接入层交换机，用于中型企业的布线室；也可以作为一个骨干网交换机，用于中型网络。它可用以在整个网络中部署智能化的服务，例如先进的服务质量（QoS），速度限制，Cisco 安全访问控制列表，多播管理和高性能的 IP 路由，同时保持了传统 LAN 交换的简便性。它含有标准多层软件镜像（SMI）或者增强型多层软件镜像（EMI）。EMI 提供了一组更加丰富的企业级功能，包括基于硬件的 IP 单播和多播路由，虚拟 LAN（VLAN）间的路由，路由访问控制列表（RACL）和热备用路由器协议（HSRP）。在刚开始部署时，增强型多层软件镜像升级工具包为用户提供了升级到 EMI 的灵活性。	适用于实验 7、8、9。
思科 Cisco C2950-24 Cisco C2950T Cisco C2960 二层交换机	它属于智能型交换机，内存 64MB，背板带宽 16Gb/s，支持 VLAN，传输模式是全双工，传输速率是 10Mb/s、100Mb/s、1000Mb/s 自适应，端口数量 24 个，模块化插槽数 2 个。	适用于实验 3、4、5、6、7、8、9、11、12、13、14、15、16、17。

2. 华为设备清单

设备名称	简 介	备 注
华为 AR3260 路由器	华为 AR3260 路由器采用嵌入式硬件加密、支持语音的数字信号处理器(DSP)插槽，支持防火墙、呼叫处理、语音信箱以及应用程序服务，覆盖业界最广泛的有线和无线连接模式，如 E1/T1、xDSL、CPOS、3G 等。它是企业级路由器，既适合于在中小型企业网中担当核心路由器，也可在一些大的分支机构担当接入路由器。	因为华为路由器和思科路由器的配置命令不一样，在用于本书的实验时，需另行编写实验指导书
华为 S5700-24TP-SI(AC) S5700-28C-EI S5700-48TP-SI(AC) 三层交换机	S5700 支持基于流的双速三色限速功能，每端口支持 8 个优先级队列，支持 WRR、DRR、SP、WRR＋SP、DRR+SP 多种队列调度算法，有效地保证话音、视频和数据业务质量。 提供多种安全保护功能。支持 DoS（Denial of Service）类防攻击、网络的防攻击、用户的防攻击等功能。提供基于源 MAC 地址、目的 MAC 地址、源 IP 地址、目的 IP 地址、端口、协议、VLAN 的非法帧过滤功能支持基于队列限速和端口 Shapping 功能。	因为华为交换机和思科交换机的配置命令不一样，在用于本书的实验时，需另行编写实验指导书。
华为 S2700-26TP-SI(AC) 二层交换机	S2700 系列企业交换机（以下简称 S2700）是华为公司推出的新一代绿色节能的以太智能百兆接入交换机。支持 802.1x 认证和 MAC 地址认证，支持 IP、MAC、VLAN、端口等用户标识元素的动态或静态绑定，并支持用户策略（VLAN、ACL）的动态下发；内置 7KV 防雷技术，能有效抵御感应雷击的过电压。	因为华为交换机和思科交换机的配置命令不一样，在用于本书的实验时，需另行编写实验指导书。

3. 锐捷设备清单

设备名称	简　　　介	备　　　注
锐捷 RG-RSR20-04， RG-RSR20-14， RG-RSR20-18 路由器	RG-RSR20 系列路由器采用模块化结构，具有完备的抗流量攻击能力，完善的 QoS 机制，保障多业务部署；全面支持 IPFIX 功能，是集高性能、模块化、高安全、易用性、贴近业务等特性于一身的新一代高性能路由器。内置硬件加密引擎，提供高速安全的数据加密功能。能够在最小的投资范围内为企业边缘网络提供一体化解决方案，更能充分满足未来业务扩展的多元化应用需求，符合企业 IT 建设的现状与趋势。	适用于实验 10、11、12、13、14、15、16、17。
锐捷 RG-S5750-28GT-S 三层交换机	RG-S5750-28GT-S 交换机是锐捷公司基于网络安全和易用好管理的理念推出的新一代安全智能交换机。它充分融合了网络发展需要的高性能、高安全、多业务、易用性特点，为用户提供全新的技术特性和解决方案。提供二到七层的智能的业务流分类、完善的服务质量（QoS）保证和组播应用管理特性。在提供高性能、多智能的同时，其内在的安全防御机制和用户接入管理能力，更可有效防止和控制病毒传播和网络攻击，控制非法用户接入网络，保证合法用户合理地使用网络资源，并可以根据网络实际使用环境，实施灵活多样的安全控制策略，充分保障了网络安全、网络合理化使用和运营。	适用于实验 7、8、9。
锐捷 RG-AS224T RG-AS224GT RG-AS224GT-P 二层交换机	RG-AS224 系列是全线速智能型增强网管交换机，具有特别丰富而强大的网管功能，在实现流量线速交换的同时，可以通过多重设置方式进行网管操作，实现 802.1Q VLAN、保护端口、链路聚合、端口监控设置、静态地址管理、广播风暴控制、端口动态 MAC 地址锁、端口 MAC 地址绑定等各种功能，端口数量 24 个，模块化插槽数 2 个。	适用于实验 3、4、5、6、7、8、9、11、12、13、14、15、16、17。

附录 C　Packet Tracer 7.0 模拟软件简介

Packet Tracer 是 Cisco（思科）公司为思科网络技术学院开发的一款模拟软件，现最新版本是 Packet Tracer 7.0。本书很多实验都是通过这款模拟软件完成后，再使用真实设备调试完成的。

1. 安装

Packet Tracer 7.0 安装非常方便，在安装向导指引下，即可完成该软件的安装，如图 C-1、图 C-2、图 C-3 所示。

图 C-1　安装界面

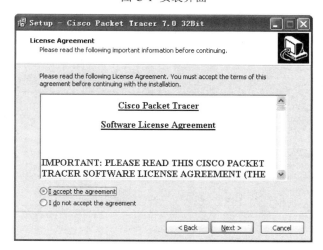

图 C-2　同意安装界面

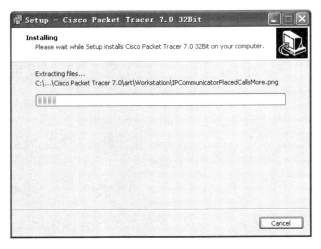

图 C-3　正在安装界面

2． Packet Tracer 7.0 基本界面介绍

打开 Packet Tracer 7.0，界面如图 C-4 所示，Packet Tracer 7.0 基本界面介绍见表 C-1 所示。

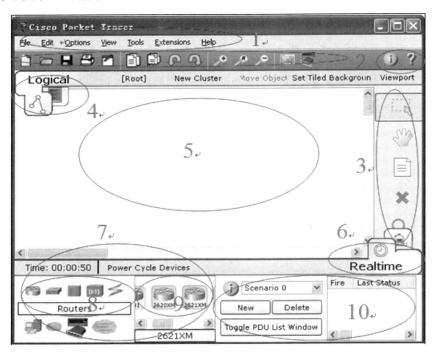

图 C-4　Packet Tracer 7.0 的界面

表 C-1　Packet Tracer 7.0 基本界面介绍

1	菜单栏	此栏中有文件、编辑、选项、查看、工具、扩展和帮助按钮，在此可以找到一些基本的命令，如打开、保存、复制、粘贴、撤销、重做、打印和选项设置，还可以访问活动向导
2	主工具栏	此栏提供了文件按钮中命令的快捷方式，还可以单击右边的网络信息按钮，为当前网络添加说明信息
3	常用工具栏	此栏提供了常用的工作区工具，包括：选择、移动布局、标签、删除、查看、添加简单数据包和添加复杂数据包等
4	逻辑/物理工作区转换栏	此栏中的按钮可完成逻辑工作区和物理工作区之间的转换
5	工作区	此区域中我们可以创建网络拓扑，监视模拟过程，查看各种信息和统计数据
6	实时/模拟转换栏	通过此栏中的按钮完成实时模式和模拟模式之间的转换
7	网络设备库	该库包括设备类型库和特定设备库
8	设备类型库	包含不同类型的设备，如路由器、交换机、集线器、无线设备、线缆、终端设备、仿真局域网、用户自定义设备和多用户连接等
9	特定设备库	包含不同设备类型中不同型号的设备，它随着设备类型库的选择级联显示
10	用户数据包窗口	此窗口管理用户添加的数据包

3. 添加网络设备及计算机构建网络

（1）在设备工具栏内先找到需要添加设备的类型，然后从该类型的设备中寻找添加想要的设备，例如添加交换机，先选择交换机，然后选择具体型号的思科交换机，如图 C-5 所示。

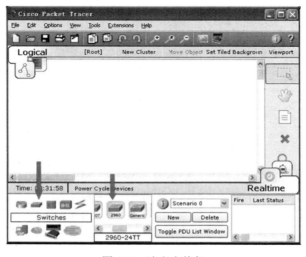

图 C-5　选定交换机

（2）将选定的交换机用鼠标拖到工作区，如图 C-6 所示。

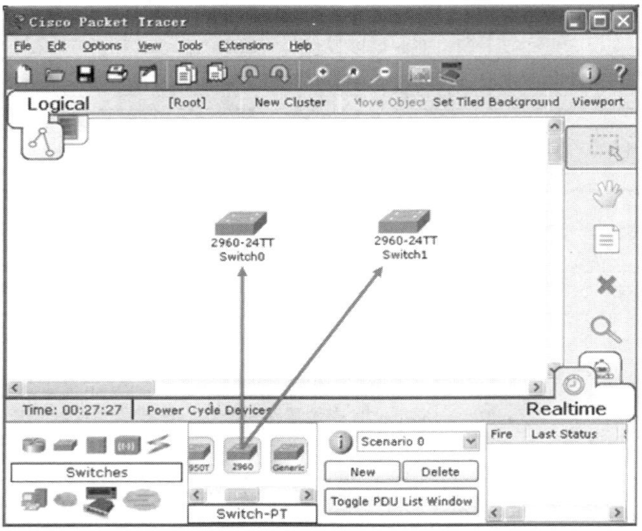

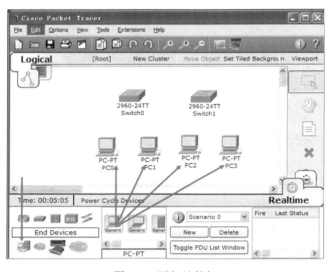

图 C-6　添加交换机

（3）在设备工具栏内找到"End Devices"，添加计算机（PC 机），如图 C-7 所示。

图 C-7　添加计算机

（4）思科 Packet Tracer 7.0 有很多连接线，每一种连接线代表一种连接方式，如图 C-8 所示。如果不确定应该使用哪种连接，可以使用自动连接，让软件自动选择相应的连接方式。步骤：在设备工具栏内找到"Connections"，再找相应的连接线，如图 C-9 所示。

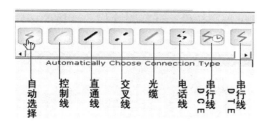

图 C-8　线型介绍

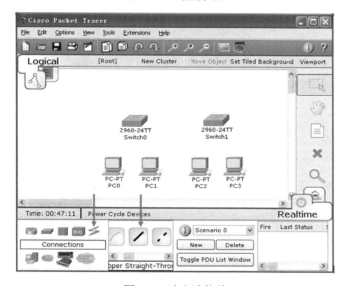

图 C-9　选定连接线

（5）连接计算机与交换机，选择计算机要连接的接口，如图 C-10 所示。

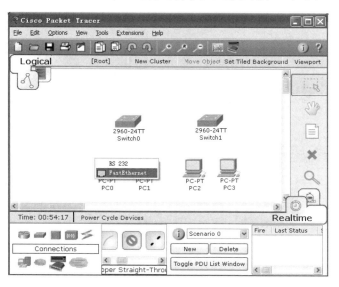

图 C-10　连接计算机

（6）连接计算机与交换机，选择交换机要连接的接口，如图 C-11 所示。

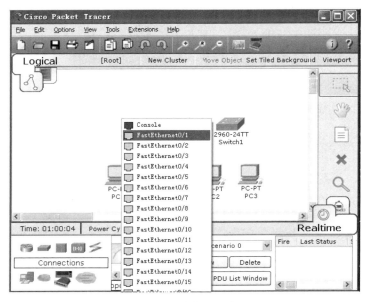

图 C-11　连接交换机

（7）计算机与交换机全部连接好后如图 C-12 所示。

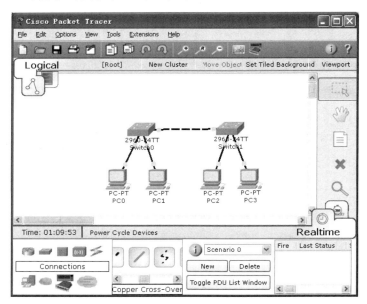

图 C-12　连好的拓扑图

（8）把鼠标放在拓扑图中的设备上会显示当前设备信息，如图 C-13 所示。

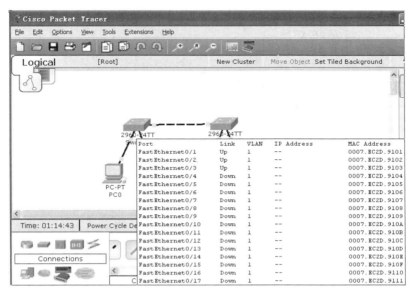

C-13　显示当前设备信息

（9）计算机配置：单击某一台计算机（例如 PC0），再单击"Desktop"
选项卡，可以配置 IP 地址、拨号、终端、命令提示符等，如图 C-14 所示。

图 C-14　计算机配置

（10）单击"交换机"，出现交换机配置窗口，有 Physical 选项卡、
Config 选项卡和 CLI 选项卡，如图 C-15 所示。

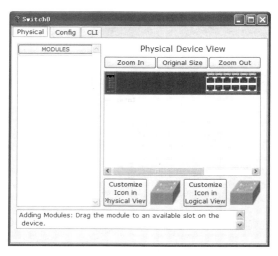

图 C-15　交换机 Physical 选项卡

　　Physical 选项卡用于添加端口模块，但交换机没有这个功能，路由器就可以添加端口模块。

　　（11）交换机的 Config 选项卡，如图 C-16 所示。Config 选项卡给我们提供了简单配置交换机的图形化界面，在这里我们可以看到全局信息，Vlan 信息和端口信息。当你进行某项配置时下面会显示相应的命令。这是 Packer Tracer 中的快速配置方式，主要用于简单配置，将注意力集中在配置项和参数上，实际设备中没有这样的方式。

图 C-16　交换机 Config 选项卡

　　（12）交换机的 CLI 选项卡，CLI 选项卡则是在命令行模式下对交换机进行配置，这种模式和实际交换机的配置环境相似，如图 C-17 所示。

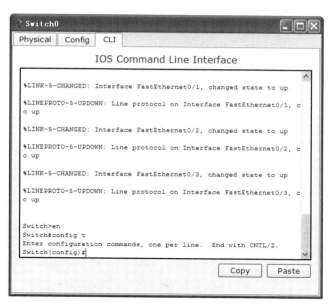

图 C-17　交换机 CLI 选项卡

4. 总结

　　本附录虽然仅介绍了交换机的配置，但路由器的添加、连线及配置与交换机是大同小异的，只需多进行实际操作练习，便能掌握该软件的使用。目前网上有汉化版的 Packet Tracer 7.0，读者可以网上下载。

参考文献

[1] 郭雅主编. 计算机网络实验指导书. 北京：电子工业出版社，2012.

[2] 谢希仁编著. 计算机网络（第7版）. 北京：电子工业出版社，2017.

[3] 张建忠，徐敬东编著. 计算机网络实验指导书（第3版）. 北京：清华大学出版社，2013.

[4] 黄君羡，郭雅主编. Windows Server 2012 网络服务器配置与管理. 北京：电子工业出版社，2014.

[5] 卢加元编著. 计算机组网技术与配置（第2版）. 北京：清华大学出版社，2013.

反侵权盗版声明

电子工业出版社依法对本作品享有专有出版权。任何未经权利人书面许可，复制、销售或通过信息网络传播本作品的行为；歪曲、篡改、剽窃本作品的行为，均违反《中华人民共和国著作权法》，其行为人应承担相应的民事责任和行政责任，构成犯罪的，将被依法追究刑事责任。

为了维护市场秩序，保护权利人的合法权益，我社将依法查处和打击侵权盗版的单位和个人。欢迎社会各界人士积极举报侵权盗版行为，本社将奖励举报有功人员，并保证举报人的信息不被泄露。

举报电话： (010)88254396；(010)88258888
传　　真： (010)88254397
E－mail： dbqq@phei.com.cn
通信地址： 北京市万寿路 173 信箱
　　　　　 电子工业出版社总编办公室
邮　　编： 100036